21世纪高等职业教育计算机技术规划教材

计算机应用基础实训教程

（Windows 7+Office 2010）

Computer Application Training Course

张婷 主编

张璐璐 李慧 副主编

U0322206

人民邮电出版社

北京

图书在版编目（CIP）数据

计算机应用基础实训教程：Windows 7+Office 2010/
张婷主编. -- 北京：人民邮电出版社，2016.8（2020.8重印）
21世纪高等职业教育计算机技术规划教材
ISBN 978-7-115-42850-9

Ⅰ. ①计… Ⅱ. ①张… Ⅲ. ①Windows操作系统—高
等职业教育—教材②办公自动化—应用软件—高等职业教
育—教材 Ⅳ. ①TP316.7②TP317.1

中国版本图书馆CIP数据核字(2016)第182931号

内 容 提 要

本书通过实训让学生在操作计算机的过程中轻松地掌握主要知识点。本书共 7 章，主要内容包括
Windows 7 基本操作、Word 2010 的应用、Excel 2010 的应用、PowerPoint 2010 的应用、计算机网络基
础与 Internet 应用、Access 2010 数据库管理与应用、常用工具软件的使用。

本书参考 2015 年全国计算机等级考试"一级计算机基础及 MS Office 应用"考试大纲编写，内容
新颖，实践性强。

本书可作为高职高专、大学各专业计算机基础教材，也可作为计算机应用水平考试、计算机等级
考试及计算机从业人员的培训和自学教材。

♦ 主　编　张　婷
　　副主编　张璐璐　李　慧
　　责任编辑　刘　佳
　　责任印制　焦志炜

♦ 人民邮电出版社出版发行　　北京市丰台区成寿寺路 11 号
　　邮编　100164　　电子邮件　315@ptpress.com.cn
　　网址　http://www.ptpress.com.cn
　　北京鑫正大印刷有限公司印刷

♦ 开本：787×1092　1/16
　　印张：11.25　　　　　　2016 年 8 月第 1 版
　　字数：259 千字　　　　2020 年 8 月北京第 5 次印刷

定价：29.80 元

读者服务热线：(010)81055256　印装质量热线：(010)81055316
反盗版热线：(010)81055315

前　言　　　　　　　　　　　FOREWORD

随着信息技术的飞速发展，计算机技术应用越来越广泛，如何使广大学生及计算机从业人员尽快掌握计算机的基本操作技能变得非常重要。为满足高职院校教学需要，我们组织一线教师编写了本书。

本书以实用为目标，突出操作实践性，是《计算机应用基础（Windows 7+Office 2010）》的配套教材。第 1 章为 Windows 7 基本操作，第 2 章为 Word 2010 的应用，第 3 章为 Excel 2010 的应用，第 4 章为 PowerPoint 2010 的应用，第 5 章为计算机网络基础与 Internet 应用，第 6 章为 Access 2010 数据库管理与应用，第 7 章为常用工具软件的使用。通过 7 章内容的实训，读者能尽快掌握计算机基本操作技能。其中各章建议学时包含在主教材《计算机应用基础（Windows 7+Office 2010）》学时分配的 108 课时中。

本书由安徽粮食工程职业学院教师编写。张婷任主编；张璐璐、李慧任副主编；吴丽杰、李昌群参与了本书的编写。其中，实训 1、实训 5 由李慧编写；实训 2、实训 3 由张婷编写；实训 4 由张璐璐编写；实训 6 由吴丽杰编写；实训 7 由李昌群编写。

由于编者水平有限，书中不足之处在所难免，恳请使用本书的师生和广大同仁批评指正。

编者
2016 年 6 月

目录 / CONTENTS

1

第 1 章
Windows 7 基本操作

实训一　Windows 7 的启动和退出

一、实训目的

掌握 Windows 7 操作系统的启动和退出操作。

二、实训内容

1. Windows 7 的启动

（1）冷启动

冷启动也叫加电启动，是指计算机系统从休息状态（电源关闭）进入工作状态时进行的启动，具体操作如下。

① 依次打开计算机外部设备电源，包括显示器电源（若显示器电源与主机电源连在一起时，此步可省略）和主机电源。

② 计算机执行硬件测试，稍后屏幕出现 Windows 7 登录界面，登录进入 Windows 7 系统，即可对计算机进行操作。

（2）热启动

热启动是指在开机状态下重新启动计算机。常用于软件故障或操作不当导致"死机"后重新启动计算机，具体操作如下。

左手按住 Ctrl 键和 Alt 键不放开，右手按下 Delete 键，然后同时放开，计算机会重新启动，这种启动方式是在不断电状态下进行计算机的程序启动，所以也叫做热启动。

（3）用 Reset 复位热启动

① 当采用热启动不起作用时，可采用复位开关 Reset 键进行启动，即按下此键后立即放开即完成了复位热启动。

② 若复位热启动也不能生效时，需关掉主机电源，等待几分钟后重新进行冷启动。

2. Windows 7 的退出

在桌面上单击"开始"按钮，选择"关机"按钮（见图 1-1），即可运行关机程序。

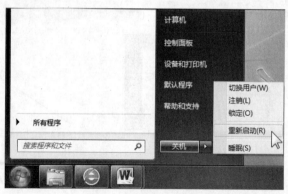

图 1-1　重新启动计算机

实训二　Windows 7 个性化操作

一、实训目的

了解一些 Windows 7 特殊的设置效果，如设置桌面背景、窗口颜色等，使桌面有自己的"个性化"外表。

二、实训内容

1. 将窗口颜色设置成深红色

① 在桌面空白处单击鼠标右键，在弹出的快捷菜单中单击"个性化"命令，如图 1-2 所示。

② 打开"个性化"窗口，单击窗口下方的"窗口颜色"按钮，如图 1-3 所示。

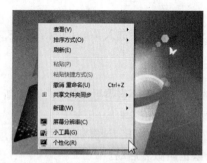

图 1-2　右键菜单

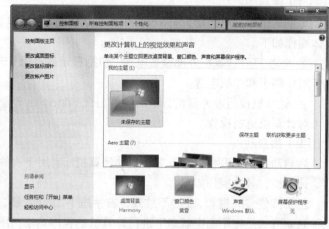

图 1-3　"个性化"窗口

③ 打开"窗口颜色和外观"窗口，选中"深红色"，即可预览窗口颜色效果，如图 1-4 所示。

④ 单击"保存修改"按钮，关闭"个性化"窗口即可。

2. 以"大图标"的方式查看桌面图标

① 在桌面空白处单击鼠标右键，在弹出的快捷菜单中将鼠标指针指向"查看"命令，在展开的子菜单中选择"大图标"命令，如图 1-5 所示。

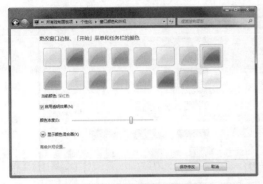

图 1-4　"窗口颜色和外观"窗口

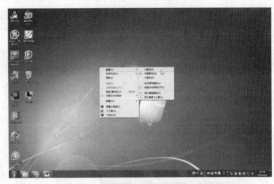

图 1-5　右键菜单及"查看"子菜单

② 执行该命令后，桌面上的图标即以大图标的方式显示，方便用户查看，如图 1-6 所示。

3. 让 Windows 定时自动更换背景

① 在桌面空白处单击鼠标右键，在弹出的快捷菜单中选择"个性化"命令。

② 打开"个性化"窗口，在窗口下方单击"桌面背景"按钮，打开"桌面背景"窗口，然后单击"浏览"按钮，如图 1-7 所示。

图 1-6　大图标查看方式

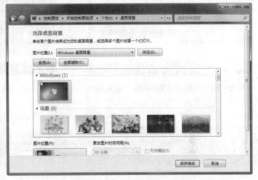

图 1-7　"桌面背景"窗口

③ 打开"浏览文件夹"对话框，选择图片文件夹（将所有希望作为桌面背景进行自动更换的图片保存在独立的文件夹中），如图 1-8 所示。

④ 单击"确定"按钮，返回"桌面背景"窗口，可以查看图片，再单击"保存修改"按钮即可。

4. 删除桌面上的"回收站"图标

① 在桌面空白处单击鼠标右键，在弹出的快捷菜单中选择"个性化"命令。

② 打开"个性化"窗口，单击窗口左侧的"更改桌面图标"选项，如图 1-9 所示。

③ 打开"桌面图标设置"对话框，在"桌面图标"栏下取消选中"回收站"复选框，如图 1-10 所示。

④ 单击"确定"按钮，退出"个性化"窗口，可看见桌面上的"回收站"图标已经被删除。

5. 在桌面上添加时钟小工具

① 在桌面空白处单击鼠标右键，在弹出的快捷菜单中选择"小工具"命令。

② 打开工具窗口，可以看到许多小工具（见图 1-11），双击需要的"时钟"工具，或者拖曳此工具到桌面上，即可将"时钟"工具添加到桌面上，效果如图 1-12 所示。

图1-8 "浏览文件夹"对话框

图1-9 "个性化"窗口

图1-10 "桌面图标设置"对话框

图1-11 小工具窗口

图1-12 将"时钟"工具
添加到桌面上

实训三 任务栏操作

一、实训目的

任务栏在进行 Windows 7 操作中有很大的作用，而且有很多个性化的设置，本实训目的是合理设置任务栏以方便用户操作。

二、实训内容

1．将程序锁定至任务栏

① 如果程序未启动，单击"开始"按钮，在其弹出菜单的快捷方式图标上单击鼠标右键，在弹出的快捷菜单中选择"锁定到任务栏"命令（见图1-13），即可将程序锁定到任务栏中。

② 如果程序已经启动，在任务栏上对应的图标上单击鼠标右键，在弹出的快捷菜单中选择"将此程序锁定到任务栏"命令，如图1-14所示。

图1-13 通过"开始"菜单锁定

2．将任务栏按钮设置成"从不合并"

①　在任务栏空白处单击鼠标右键，在弹出的快捷菜单中选择"属性"命令（见图 1-15），打开"任务栏和「开始」菜单属性"对话框。

②　在"任务栏"的"任务栏外观"栏下，单击"任务栏按钮"下拉按钮，在展开的下拉菜单中选择"从不合并"选项，如图 1-16 所示。

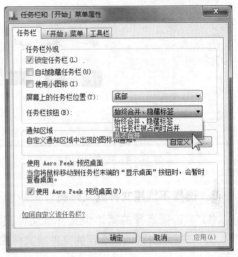

图 1-14　通过打开程序锁定　　图 1-15　右键菜单　　图 1-16　"任务栏和「开始」菜单属性"对话框

③　单击"确定"按钮，即可看到设置任务栏前后的差别，如图 1-17 所示。

图 1-17　设置前和设置后的任务栏

实训四　文件和文件夹操作

一、实训目的

文件和文件夹操作是学习的重点，本实训的目的就是要学会各种操作文件和文件夹的方法。

二、实训内容

1．不打开文件而预览文件内容

①　单击选中需要预览的文件，如图片文件、Word 文档、PPT 等。

②　单击 按钮，在窗口右侧的窗格中就会显示出该文件的内容，如图 1-18 所示。

2．选择多个连续文件或文件夹

①　单击要选择的第 1 个文件或文件夹，按住 Shift 键。

② 再单击要选择的最后 1 个文件或文件夹，则将以所选第 1 个文件和最后 1 个文件为对角线的矩形区域内的文件或文件夹全部选定，如图 1-19 所示。

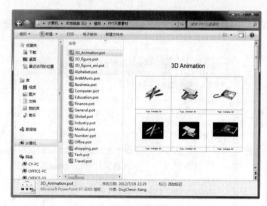

图 1-18　预览文件内容

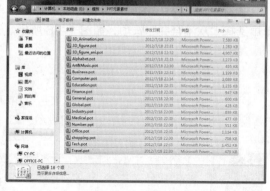

图 1-19　选中连续文件

3. 选择不连接文件或文件夹

① 单击要选择的第 1 个文件或文件夹，按住 Ctrl 键。

② 依次单击其他要选定的文件或文件夹，即可将这些不连续的文件或文件夹选中，如图 1-20 所示。

4. 复制文件或文件夹

① 单击选中要复制的文件或文件夹。

② 单击"组织"按钮，在弹出的下拉菜单中选择"复制"命令，如图 1-21 所示。

图 1-20　选中不连续文件

图 1-21　"复制"操作

③ 打开目标文件夹（复制后文件所在的文件夹），单击"组织"按钮，在弹出的下拉菜单中选择"粘贴"命令，如图 1-22 所示。

5. 移动文件或文件夹

① 单击选中要移动的文件或文件夹。

② 单击"组织"按钮，在弹出的下拉菜单中选择"剪切"命令（见图 1-23），或者右键单

击需要复制的文件或文件夹，在弹出的快捷菜单中选择"剪切"命令，也可以按 Ctrl+X 组合键进行剪切。

图 1-22 "粘贴"操作　　　　　　　　图 1-23 "剪切"操作

③ 打开目标文件夹（即移动后文件所在的文件夹），单击"组织"按钮，在弹出的下拉菜单中选择"粘贴"命令，或者右键单击目标文件夹空白处，在弹出的快捷菜单中单击"粘贴"命令，也可以按 Ctrl+V 组合键进行粘贴。

6. 美化文件夹图标

① 右键单击需要更改图标的文件夹，如"我的资料"文件夹，在弹出的快捷菜单中选择"属性"命令（见图 1-24），打开其"属性"对话框。

② 选择"自定义"选项卡，然后单击"更改图标"按钮（见图 1-25），打开"为文件夹 我的资料"更改图标"对话框，在列表框中选择一种图标，如图 1-26 所示。

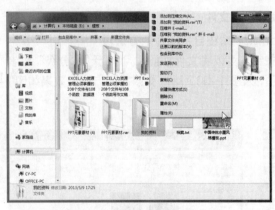 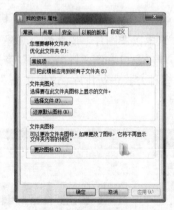

图 1-24 右键菜单　　　　　　　　图 1-25 属性对话框

③ 依次单击"确定"按钮，即可设置成功，设置后的效果如图 1-27 所示。

7. 创建"库"

① 打开"计算机"窗口，在左侧的导航区可以看到一个名为"库"的图标。

② 右键单击该图标，在弹出的快捷菜单中选择"新建"→"库"命令，如图 1-28 所示。

③ 系统会自动创建一个库，然后就像给文件夹命名一样为这个库命名，如命名为"我的库"，如图 1-29 所示。

图 1-26　选择文件夹图标

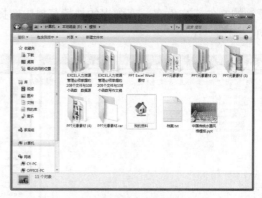
图 1-27　更改后的文件夹图标

图 1-28　"新建库"操作

图 1-29　新建的库名称

8. 利用"库"来管理文档、图片、视频等常用文件

这里以"图片"库为例，讲解查看 Windows 7 系统自带图片的方法。

单击窗口右侧"排列方式"旁边的下拉按钮，可以将文件按照"月""天""分级"或者"标记"多种方式进行排序，这里单击"分级"选项，如图 1-30 所示。更改排列方式的效果如图 1-31 所示。

图 1-30　选择排列方式

图 1-31　分级排列的效果

实训五 鼠标和键盘操作

一、实训目的

鼠标和键盘是在操作计算机时重要的媒介，没有它们将无法使用计算机。本实训的目的是掌握鼠标和键盘设置，使我们更方便地操作计算机。

二、实训内容

1. 更改鼠标指针

① 在桌面空白处单击鼠标右键，在弹出的快捷菜单中选择"个性化"命令，在打开的"个性化"窗口中，单击窗口左侧的"更改鼠标指针"选项。

② 打开"鼠标 属性"对话框，在"指针"选项卡中设置不同状态下对应的鼠标图案，如选择"正常选择"选项，单击"浏览"按钮，如图 1-32 所示。

③ 打开"浏览"对话框，选择需要的图标，如图 1-33 所示。

图 1-32 "鼠标属性"对话框

图 1-33 "浏览"对话框

④ 单击"打开"按钮，返回到"鼠标属性"对话框，单击"确定"按钮，即可更改鼠标指针的形状。

2. 设置滑轮滚动的行数

① 在桌面空白处单击鼠标右键，在弹出的快捷 菜单中选择"个性化"命令，在打开的"个性化"窗口中，单击窗口左侧的"更改鼠标指针"选项。

② 打开"鼠标 属性"对话框，单击"滑轮"选项卡，可以设置滑轮滚动的行数，如将"垂直滑轮"设置为一次滚动 6 行，如图 1-34 所示。

3. 设置键盘

① 单击"开始"按钮，选择"控制面板"命令，打开"控制面板"窗口（见图 1-35）。在"小图标"查看方式下，单击"键盘"选项，打开"键盘 属性"对话框。

图 1-34 "鼠标 属性"对话框

② 在"速度"选项卡中，可以设置"字符重复"和"光标闪烁速度"，拖动滑块即可调节，如图 1-36 所示。

图 1-35 "控制面板"窗口　　　　　　　　　　图 1-36 "键盘 属性"对话框

③ 设置完成后，单击"确定"按钮。

实训六　控制面板操作

一、实训目的

控制面板是设置计算机的一个重要窗口，大多数的系统设置都是通过控制面板设置的，本实训目的是要熟悉控制面板并掌握其各种功能的操作方法。

二、实训内容

1. 启用家长控制功能

在 Windows 7 中，提供了家长控制功能，可以让家长设定限制，控制孩子对某些网站的访问权限、登录计算机的时长、可以玩的游戏及可以运行的程序。

① 打开"控制面板"，在"小图标"查看方式下，单击"家长控制"链接，打开"家长控制"窗口。

② 选择被家长控制的账户（管理员账户不能被选择），单击要控制的标准用户账户，如图 1-37 所示。

③ 在打开的"用户控制"窗口中，可以设置各种家长控制项。在"家长控制"栏下选中"启用，应用当前设置"单选钮，如图 1-38 所示。

④ 单击"确定"按钮，即可启用家长控制功能。

2. 切换家庭网络和其他网络

① 打开"控制面板"窗口，在"类别"查看方式下，单击"网络和 Internet"下的"查看网络状态和任务"选项，如图 1-39 所示。

② 打开"网络和共享中心"窗口，在"查看活动网络"栏下，可以看到现在使用的是"家庭网络"，单击此选项，如图 1-40 所示。

③ 打开"设置网络位置"窗口，窗口中列出了家庭网络、工作网络和公用网络 3 种网络设置，根据自己需求进行选择。这里选择"工作网络"选项，如图 1-41 所示。

④ 单击"工作网络"选项后，即可弹出图 1-42 所示的界面，直接单击"关闭"按钮即可。

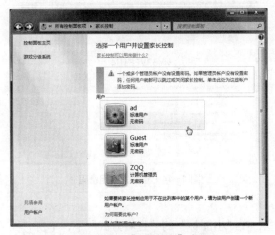

图 1-37 "家长控制"窗口

图 1-38 "用户控制"窗口

图 1-39 "控制面板"窗口

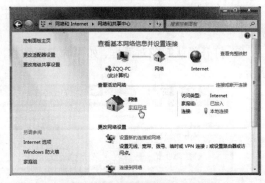

图 1-40 "网络和共享中心"窗口

图 1-41 选择网络类型

图 1-42 确认窗口

3. 找回家庭组密码

如果创建了家庭组，创建后忘记了家庭组密码，可以通过控制面板找回。

① 打开"控制面板"窗口，在"小图标"的查看方式下，单击"家庭组"选项。在打开的窗口中，单击"查看或打印家庭组密码"选项，如图 1-43 所示。

② 在打开的窗口中即可查看家庭组的密码，如图1-44所示。

 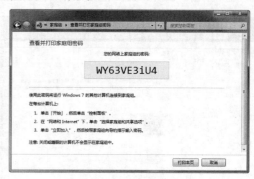

图1-43 "家庭组"窗口 　　　　　　　　图1-44 查看家庭组密码

4. 删除程序

① 单击"开始"按钮，选择"控制面板"命令，在"小图标"的"查看方式"下，单击"程序和功能"选项。

② 打开"程序和功能"窗口，在列表中选中需要卸载的程序，单击"卸载"按钮，如图1-45所示。

③ 打开确认卸载对话框，如果确定要卸载，单击"是"按钮，即可进行程序卸载，如图1-46所示。

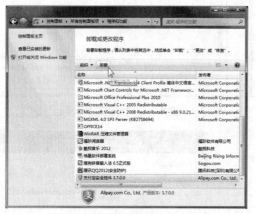 

图1-45 "程序和功能"窗口 　　　　　　　　图1-46 确认对话框

实训七　用户账户管理

一、实训目的

用户账户是用户管理计算机的重要途径，可以创建不同性质的账户，并对不同用户设置不同的密码及用户权限。

二、实训内容

1. 创建新的管理员用户

管理员账户拥有对整个系统的控制权，可以改变系统设置，可以安装、删除程序，能访问计算机上所有的文件。除此之外，此账户还可创建和删除计算机上的用户账户，可以更改其他人的账户名、图片、密码和账户类型。

① 使用管理员账户登录系统，打开"控制面板"窗口，在"小图标"查看方式下单击"用户账户"选项。

② 打开"用户账户"窗口，单击"管理其他账户"选项，如图 1-47 所示。

③ 在"管理账户"窗口中，单击下方的"创建一个新账户"选项，如图 1-48 所示。

图 1-47 "用户账户"窗口   图 1-48 "管理账户"窗口

④ 在"创建新账户"窗口的文本框中输入一个合适的用户名，然后选中"管理员"单选按钮，如图 1-49 所示。

⑤ 单击 创建账户 按钮，即可创建一个新的管理员账户。

2. 为账户设置登录密码

① 在"控制面板"中，单击"用户账户"选项，打开"更改用户账户"窗口。

② 单击"管理其他账户"选项，在打开的"选择希望更改的账户"界面中单击需要设置密码的账户（以 ad 用户为例），如图 1-50 所示。

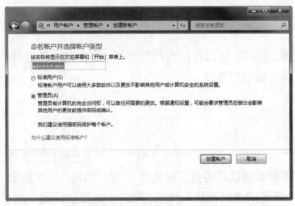

图 1-49 "创建新账户"窗口   图 1-50 "管理账户"窗口

③ 打开"更改 ad 的账户"界面，单击左侧的"创建密码"选项，如图 1-51 所示。

④ 在"创建密码"窗口中，输入新密码、确认密码和密码提示，如图 1-52 所示，单击 创建密码 按钮即可。

3. 更改账户的头像

① 在"控制面板"中单击"用户账户"选项，打开"用户账户"窗口，单击"更改图片"选项，如图 1-53 所示。

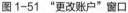

图 1-51 "更改账户"窗口

图 1-52 "创建密码"窗口

② 在"更改图片"窗口中，选择一个合适的图片，再单击"更改图片"按钮，即可更改成功，如图 1-54 所示。

图 1-53 "用户账户"窗口

图 1-54 "更改图片"窗口

实训八　磁盘管理

一、实训目的

磁盘是用户存放文件和文件夹的重要位置，管理好磁盘可以为用户存放、查找和编辑磁盘中的文件和文件夹带来很大的方便。读者要学会对磁盘的管理。

二、实训内容

1. 磁盘清理

① 单击"开始"按钮，选择"所有程序"→"附件"→"系统工具"→"磁盘清理"命令，打开"磁盘清理：驱动器选择"对话框，选择需要清理的磁盘，如选择 D 盘，如图 1-55 所示。

② 单击"确定"按钮，开始清理磁盘。清理磁盘结束后，弹出"（D：）的磁盘清理"对话框，选中需要清理的内容，如图 1-56 所示。

③ 单击"确定"按钮即可开始清理。

2. 磁盘碎片整理

① 单击"开始"按钮，选择"所有程序"→"附件"→"系统工具"→"磁盘碎片整理程序"命令，打开"磁盘碎片整理程序"对话框，如图 1-57 所示。

② 在列表框中选中一个磁盘分区，单击 按钮，即可分析出碎片文件占磁盘容量的百分比。

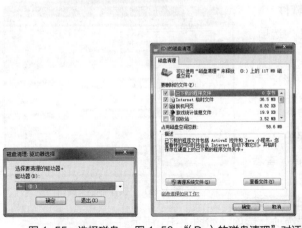

图 1-55 选择磁盘   图 1-56 "(D:)的磁盘清理"对话框   图 1-57 "磁盘碎片整理程序"对话框

③ 根据得到的这个百分比，确定是否需要进行磁盘碎片整理，在需要整理时单击 磁盘碎片整理(D) 按钮即可。

实训九 Windows 7 的安全维护

一、实训目的

当前的互联网安全性令人担忧，如果网络安全性没有设置好，对计算机和其内部存储的文件都不安全，所以合理地进行 Windows 7 的安全维护非常重要。通过本实训读者要学会安全维护。

二、实训内容

1. 用 Windows 防火墙来保护系统安全

① 打开"控制面板"，在"小图标"查看方式下，单击"Windows 防火墙"选项，打开"Windows 防火墙"窗口。

② 单击窗口左侧的"打开或关闭 Windows 防火墙"选项，如图 1-58 所示。

③ 在打开的窗口中选中"启用 Windows 防火墙"单选钮，如图 1-59 所示。

④ 设置完成后，单击"确定"按钮。

图 1-58 "Windows 防火墙"窗口   图 1-59 "防火墙设置"窗口

2. 判断计算机上是否已安装了防病毒软件

① 在"控制面板"中，单击"操作中心"选项，打开"操作中心"窗口。

② 在打开的窗口中，在"安全"栏下可以看到是否安装有防病毒软件。如图1-60所示，系统中没有安装防病毒软件，此时可以进行下载安装。

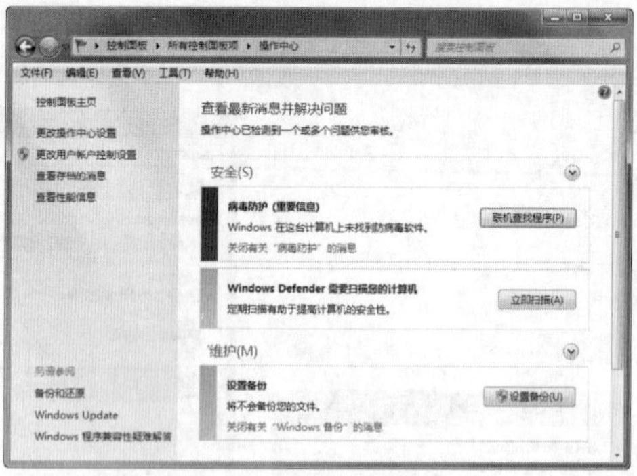

3. 打开 Windows Defender 实时保护

① 打开"控制面板"窗口，在"小图标"查看方式下单击"Windows Defender"选项。

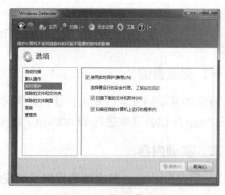

图1-60 "操作中心"窗口

② 打开"Windows Defender"窗口，单击 🔧 工具 按钮，在打开的"工具和设置"界面中单击"选项"选项，如图1-61所示。

③ 在"选项"界面中，首先单击选中左侧的"实时保护"选项，然后在右侧窗格中选中"使用实时保护"和其下的子项，如图1-62所示。

④ 单击 保存(S) 按钮即可。

图1-61 "工具和设置"窗口

图1-62 "选项"窗口

4. 使用 Windows Defender 扫描计算机

① 打开"Windows Defender"窗口，单击 扫描 按钮右侧的 ，在弹出的菜单中选择一种扫描方式，如果是第1次扫描，建议选择"完全扫描"，如图1-63所示。

② 选择后即可开始扫描，可能需要较长的时间，如图1-64所示。

图1-63 选择扫描方式

图1-64 进行扫描

实训十 Windows 7 附件应用

一、实训目的

Windows 7 为用户提供了更多的附件，如记事本、截图工具、计算器等，这些附件工具比较容易操作，实用性很强。本实训学习 Windows 7 附件的应用。

二、实训内容

1. 记事本的操作

① 单击"开始"按钮，选择"所有程序"→"附件"→"记事本"命令，打开"记事本"窗口。

② 在"记事本"窗口中输入内容并选中，然后单击"格式"→"字体"命令，如图 1–65 所示。

③ 打开"字体"对话框，在对话框中可以设置"字体""字形"和"大小"（见图 1–66），单击"确定"按钮即可设置成功。

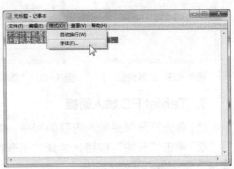

图 1–65 "格式"下拉菜单

④ 在"记事本"窗口单击"编辑"按钮，在弹出的下拉菜单中，可以对选中的文本进行复制、删除等操作，或者选择"查找"命令，对文本进行查找等，如图 1–67 所示。

⑤ 编辑完成后，选择"文件"→"保存"命令，将记事本保存在适当的位置。

图 1–66 "字体"对话框

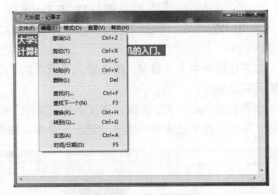

图 1–67 "编辑"下拉菜单

2. 计算器的使用

① 单击"开始"按钮，选择"所有程序"→"附件"→"计算器"命令，打开"计算器"程序。

② 在计算器中，单击相应的按钮，即可输入计算的数字和方式。图 1–68 所示为输入的"85×63"算式，单击＝按钮，即可计算出结果。

③ 选择"查看"→"科学型"命令（见图 1–69），即可打开科学型计算器程序，可进行更为复杂的运算。如计算"tan30"的数值，先输入"30"，然后单击 tan 按钮，即可计算出相应的

数值，如图 1-70 所示。

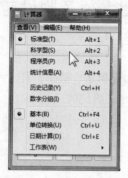

图 1-68　计算数值　　　　图 1-69　"查看"下拉菜单　　　　图 1-70　"科学性"计算器

3. Tablet PC 输入面板

① 首先打开需要输入内容的程序，如 Word 程序，将光标定位到需要插入内容的地方。

② 单击"开始"按钮，选择"所有程序"→"附件"→"Tablet PC"→"Tablet PC 输入面板"命令，打开输入面板。

③ 打开输入面板后，当鼠标光标放在面板上时，可以看到光标变成一个小黑点，拖动鼠标即可在面板中输入内容，输入完后自动生成，如图 1-71 所示。

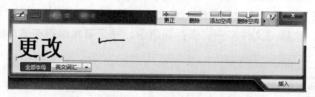

图 1-71　在 Tablet PC 面板中输入内容

④ 输入完成后，单击"插入"按钮，即可将书写的内容插入光标所在的位置，如图 1-72 所示。

如果在面板中书写错误，单击输入面板中的"删除"按钮，然后拖动鼠标在错字上画一条横线即可将其删除。

如要关闭 Tablet PC 面板，直接单击"关闭"按钮是无效的，正确的方法是：单击"工具"选项，在展开的下拉菜单中选择"退出"命令，如图 1-73 所示。

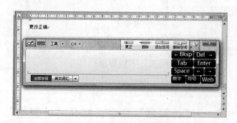

图 1-72　将内容插入文档　　　　　　　图 1-73　"退出"输入面板

Chapter

2

第 2 章
Word 2010 的应用

实训一　Word 2010 文档的创建、保存和退出

一、实训目的

在处理文档内容时，首先要学会创建一个新文档，并且知道如何保存和退出文档。

二、实训内容

1. Word 文档的新建

（1）启用 Word 2010 程序新建文档

在桌面上单击"开始"按钮，选择"所有程序"→"Microsoft Office"→"Microsoft Word 2010"命令，如图 2-1 所示，可启动 Microsoft Word 2010 主程序，打开 Word 文档。

图 2-1　打开 Word 程序

（2）新建空白文档

运行 Word 2010 程序，进入主界面。

选择"文件"→"新建"→"空白文档"命令，单击"创建"按钮即可创建一个新的空白文

档，如图 2-2 所示。

（3）使用保存的模板新建

① 选择"文件"→"新建"命令，在"可用模板"区域单击"我的模板"按钮，如图 2-3 所示。

② 打开"新建"对话框，在"个人模板"列表框中选择保存的模板，单击"确定"按钮，即可根据现有模板新建文档，如图 2-4 所示。

图 2-2　创建空白文档

图 2-3　选择"我的模板"

2. Word 文档的保存

① 选择"文件"→"另存为"命令，如图 2-5 所示。

② 打开"另存为"对话框，为文档设置保存路径和保存类型，单击"保存"按钮即可，如图 2-6 所示。

3. Word 文档的退出

（1）单击"关闭"按钮

打开 Microsoft Word 2010 程序后，单击程序右上角的"关闭"按钮，可快速退出主程序，如图 2-7 所示。

图 2-4　选择需要的模板

图 2-5　选择"另存为"按钮

图 2-6　设置保存路径

（2）从菜单栏关闭

打开 Microsoft Word 2010 程序后，右键单击开始菜单栏中的任务窗口，打开快捷菜单，选择"关闭"命令（见图 2-8），可快速关闭当前开启的 Word 文档，如果同时开启较多文档可用该方式分别进行关闭。

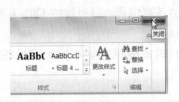

关闭
AaBbC
AaBbCcD
标题
标题 4 ...
更改样式
查找
替换
选择
样式
编辑

图 2-7　单击“关闭”按钮

还原(R)
移动(M)
大小(S)
最小化(N)
最大化(X)
关闭(C)
Alt+F4

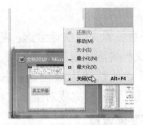

图 2-8　使用“关闭”选项

实训二　文本操作与格式设置

一、实训目的

Word 2010 的基本功能是进行文字的录入和编辑工作，初学者要掌握对文字的输入、选取及字体、字号的设置等知识；在文本格式的设置上，注重美化设计。

二、实训内容

1. 文档的输入

（1）手动输入文本

打开 Word 文档后，直接手动输入文字即可。

（2）利用“复制+粘贴”录入文本

① 打开参考内容的文本，选择需要复制的文本内容，按 Ctrl+C 组合键或单击鼠标右键，弹出快捷菜单，选择“复制”命令，如图 2-9 所示。

② 将光标定位在文本需要粘贴的位置，按 Ctrl+V 组合键进行粘贴，完成文本的粘贴录入，如图 2-10 所示。

财务计划
宋体
剪切(T)
复制(C)
粘贴选项:
汉字重选(V)
减少缩进量(D)
增加缩进量(I)
字体(F)...
段落(P)...
注意的问题

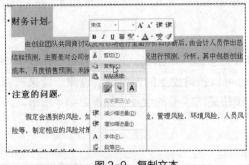

图 2-9　复制文本

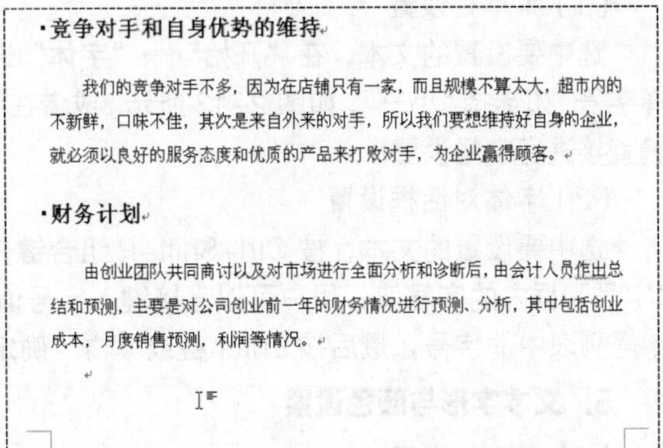

竞争对手和自身优势的维持
我们的竞争对手不多，因为在店铺只有一家，而且规模不算太大，超市内的
不新鲜，口味不佳，其次是来自外来的对手，所以我们要想维持好自身的企业，
就必须以良好的服务态度和优质的产品来打败对手，为企业赢得顾客。
财务计划
由创业团队共同商讨以及对市场进行全面分析和诊断后，由会计人员作出总
结和预测，主要是对公司创业前一年的财务情况进行预测、分析，其中包括创业
成本，月度销售预测，利润等情况。

图 2-10　粘贴文本

2. 文档的选取

① 选择连续文档：在需要选中文本的开始处单击鼠标左键，滑动鼠标直至选择文档的最后，松开鼠标左键，完成连续文档的选择。

② 选择不连续文档：在文档开始处单击鼠标左键，滑动鼠标选择需要选择的文档，按住 Ctrl 键，继续在需要选中的文本的开始处单击鼠标左键滑动至最后，重复该操作，即可完成对不连续

文档的选择。

③ 从任意位置完成快速全选：将光标放在文档的任意位置，同时按住 Ctrl+A 组合键，即完成对全部文档内容的选择。

④ 从开始处快速完成全选：按住 Ctrl+Home 组合键将光标定位在文档的首部，再按 Ctrl+Shift+End 组合键完成对全部文档的选择。

3．文本字体设置

① 字体栏设置：选中需要设置字体的文本内容，在"开始"→"字体"选项组中单击"字体"下拉按钮，在下拉菜单中选择适合的字体，如"隶书"，系统会自动预览字体的显示效果，如图 2-11 所示。

② 浮动工具栏设置：选中需要设置字体的文本内容，将鼠标移至选择的内容上，文本的上方弹出一个浮动的工具栏，单击"字体"下拉按钮，选择合适的字体格式，如选择"华文彩云"，系统自动提供预览字体的显示效果，如图 2-12 所示。

图 2-11　通过菜单栏设置字体

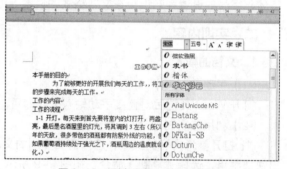

图 2-12　通过浮动工具栏设置字体

4．文本字号设置

（1）菜单栏设置

选中要设置的文本，在"开始"→"字体"选项组单击"字号"下拉按钮，在下拉菜单中选择字号，如选择"小一"，如图 2-13 所示。或者在字号栏中输入 1~1638 磅的任意数字，按 Enter 键直接进行字号设置。

（2）字体对话框设置

选中要设置的文本，按 Ctrl+Shift+P 组合键，打开"字体"对话框，此时 Word 会自动选中"字号"框内的字号值，用户可以直接键入字号值，也可以按键盘上的方向键↑键或↓键来选择字号列表中的字号，最后按 Enter 键或单击"确定"按钮完成字号的设置，如图 2-14 所示。

5．文本字形与颜色设置

（1）字形的设置

① 选择需要设置字形的文本内容，在"开始"→"字体"选项组中单击快捷按钮，如图 2-15 所示。

② 打开"字体"对话框，在"字形"列表框中单击上、下选择按钮，选择一种合适的字形，如选择"加粗"选项，如图 2-16 所示，完成设置后单击"确定"按钮。

（2）颜色的设置

① 选择需要设置颜色的文本内容，在"开始"→"字体"选项组中单击快捷按钮，打开

"字体"对话框。在"所有文字"栏下的"字体颜色"中单击下拉按钮，选择合适的字体颜色，如"紫色"，如图 2-17 所示，单击"确定"按钮后，完成字体颜色的设置。

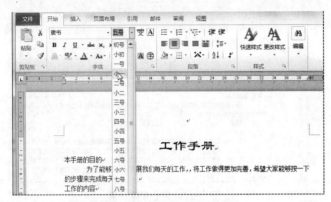

图 2-13　通过菜单栏设置字号

图 2-14　通过"字体"对话框设置字号

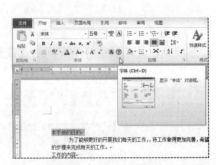

图 2-15　选择快捷按钮

图 2-16　在"字体"对话框设置字形

② 选择需要设置颜色的文本内容，在"开始"→"字体"选项组中单击"字体颜色"按钮，打开下拉颜色菜单，选择合适的颜色，如"紫色"，如图 2-18 所示，即可设置字体颜色。

图 2-17　在"字体"对话框设置字体颜色

图 2-18　在菜单栏设置字体颜色

6. 文本特殊效果设置

① 选择需要设置特殊效果的文本内容，在"开始"→"字体"选项组中单击快捷按钮，打开"字体"对话框。在"效果"栏下勾选需要添加的效果复选框，如勾选"空心"复选框，如

图 2-19 所示。

② 完成设置后，单击"确定"按钮，文本的最终显示如图 2-20 所示。

图 2-19 选择"空心"样式

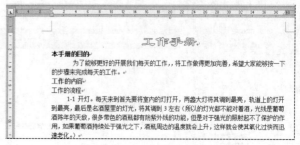

图 2-20 空心字体效果

实训三　段落格式设置

一、实训目的

在 Word 中对段落有较多的设置，包括行间距、段落间距、段落缩进等不同的格式设置，这些也是初学者需要掌握的 Word 基础知识。

二、实训内容

1. 对齐方式设置

（1）通过快捷按钮快速设置

① 选择需要设置对齐方式的文本段落，在"开始"→"段落"选项组中单击"居中"按钮，如图 2-21 所示。

② 单击"居中"按钮后，所选段落完成居中对齐设置，效果如图 2-22 所示。

图 2-21 在菜单栏选择"居中"样式

（2）通过段落对话框设置

① 选择需要设置对齐方式的文本段落，在"开始"→"段落"选项组中单击快捷按钮 ，打开"段落"对话框。切换到"缩进和间距"选项卡下，在"常规"栏下的"对齐方式"列表中，单击下拉按钮，选择合适的对齐方式，如选择"居中"方式，如图 2-23 所示。

② 单击"确定"按钮，完成设置后，所选段落完成居中对齐设置。

2. 段落缩进设置

（1）通过段落对话框设置

① 选择需要进行段落缩进的文本内容，在"开始"→"段落"选项组中单击快捷按钮 ，打开"段落"对话框。切换至"缩进和间距"选项卡，在"缩进"栏下，单击"特殊格式"下拉按钮，在下拉菜单中选择"首行缩进"选项，如图 2-24 所示。

② 完成设置后，单击"确定"按钮，所选段落完成首行缩进的设置，效果如图 2-25 所示。

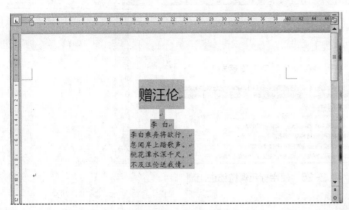

图 2-22　文本居中显示　　　　　　　图 2-23　在"段落"对话框设置对齐方式

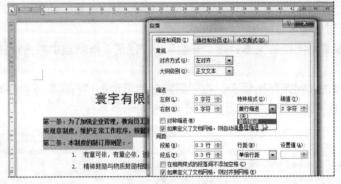

图 2-24　设置首行缩进

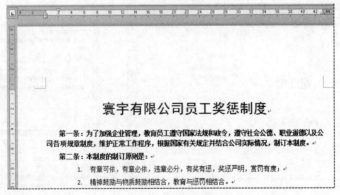

图 2-25　首行缩进效果

（2）通过标尺设置

将光标定位在需要进行段落缩进的开始处，拖动标尺上的滑块▽至合适的缩进距离，如拖动水平标尺至 2 字符处，如图 2-26 所示，完成首行缩进 2 个字符，松开鼠标即可。

3．行间距设置

行间距指的是在文档中的相邻行之间的距离，通过调整行间距可以有效地改善版面效果，使文档达到预期的效果，具体的行间距设置方法如下。

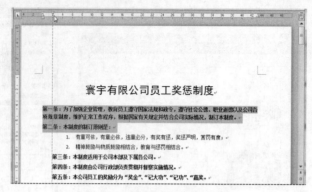

图 2-26　使用标尺调整缩进距离

（1）通过菜单栏设置

选择需要设置行间距的文本，在"开始"→"段落"选项组中单击"行和段落间距"按钮，打开下拉菜单，在下拉菜单中选择适合的行间距，如"2.0"选项，如图 2-27 所示。

（2）通过段落对话框设置

① 选择需要设置行间距的文本，在"开始"→"段落"选项组中单击快捷按钮，打开"段落"对话框。

② 切换到"缩进和间距"选项卡，在"间距"栏下单击"行距"下拉按钮，选择合适的行距设置方式，如选择"2 倍行距"选项，如图 2-28 所示。

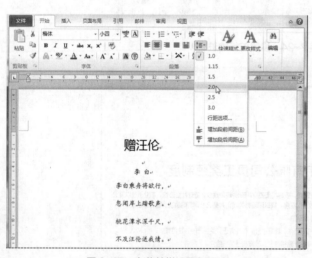

图 2-27　在菜单栏设置行距

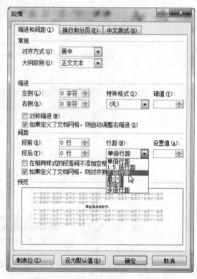

图 2-28　在"段落"对话框设置

实训四　图片、形状与 SmartArt 的应用

一、实训目的

在文档中插入图片、形状、SmartArt 图形等对象，可以使文档变得更引人注目。读者要学会利用 Word 提供的强大的美化图形的功能，使文档更加丰富多彩。

二、实训内容

1. 图形的操作技巧

（1）插入形状

① 在"插入"→"插图"选项组中单击"形状"下拉按钮，在下拉菜单中选择合适的图形，如选择"基本形状"下的"折角形"，如图 2-29 所示。

② 拖曳鼠标画出合适的形状大小，完成形状的插入，如图 2-30 所示。

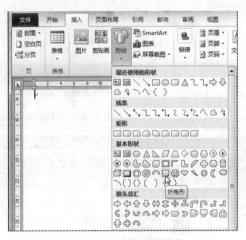
图 2-29　选择形状样式

图 2-30　绘制形状

（2）调整图形的位置与大小

① 将光标定位在形状的控制点上，此时光标变成十字形，按住鼠标左键进行缩放，如图 2-31 所示。

② 选中形状，将光标定位在形状上，按住鼠标左键，此时光标成米字形，拖动鼠标进行随意的位置调整，直至合适的位置，如图 2-32 所示。

图 2-31　调整形状大小

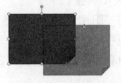
图 2-32　移动形状

（3）设置图形样式与效果

在"绘图工具"→"格式"→"形状样式"选项组中单击"形状样式"下拉按钮，在下拉菜单中选择适合的样式，如选择"浅色 1 轮廓，彩色填充–水绿色，强调颜色 5"，如图 2-33 所示。插入的形状会自动完成添加外观样式的设置，达到美化效果，如图 2-34 所示。

2. 图片的操作技巧

（1）插入计算机中的图片

① 将光标定位在需要插入图片的位置，在"插入"→"插图"选项组中单击"图片"按钮，如图 2-35 所示。

② 打开"插入图片"对话框，先选择图片位置再选择插入的图片，单击"插入"按钮，如

图 2-36 所示，即可插入计算机中的图片。

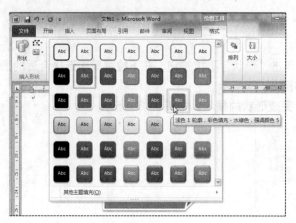

图 2-33 选择图形样式　　　　　　　　　　　　　　　　图 2-34 应用样式后效果

图 2-35 单击"图片"按钮　　　　　　　　　图 2-36 单击图片

（2）设置图片大小调整

插入图片后，在"图片工具"→"格式"→"大小"选项组中的"高度"与"宽度"文本框中手动输入需要调整图片的宽度和高度，如输入高度为"5.14"厘米，宽度为"8"厘米，如图 2-37 所示。设置了图片的高度和宽度后，图片自动完成固定值的调整，效果如图 2-38 所示。

图 2-37 设置图片大小　　　　　　　　　　　图 2-38 设置后效果

（3）设置图片格式

① 在"图片工具"→"格式"→"图片样式"选项组中单击▼按钮，在下拉菜单中选择一种合适的样式，如"旋转，白色"样式，如图 2-39 所示。

② 单击该样式即可将效果应用到图片中，完成外观样式的快速套用，效果如图 2-40 所示。

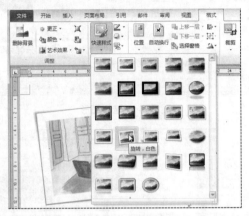

图 2-39　选择样式

图 2-40　应用图片样式

（4）设置图片效果

① 选中图片，在"图片工具"→"格式"→"图片样式"选项组中单击"图片效果"下拉按钮，在下拉菜单中选择"发光"选项，在弹出的发光选项列表中选择合适的样式，如图 2-41 所示。

② 单击该样式即可应用于所选图片，完成图片特效的快速设置，效果如图 2-42 所示。

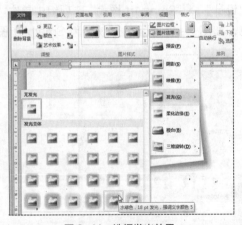

图 2-41　选择发光效果

图 2-42　应用效果

3. SmartArt 图形设置

（1）插入图形

① 在"插入"→"插图"选项组中单击"SmartArt"按钮，如图 2-43 所示。

② 打开"选择 SmartArt 图形"对话框，选择适合的图形样式，如图 2-44 所示。

③ 单击"确定"按钮，即可插入 SmartArt 图形，如图 2-45 所示。

④ 在图形的"文本"位置输入文字，即可为图形添加文字，如图 2-46 所示。

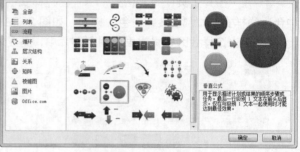

图 2-43　单击 SmartArt 按钮　　　　　　　　　　　图 2-44　选择图形

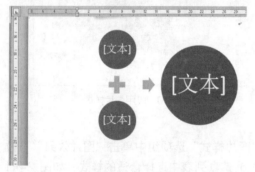

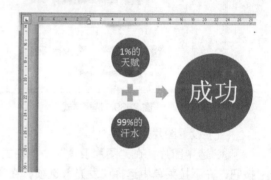

图 2-45　添加图形　　　　　　　　　　　图 2-46　在图形中添加文字

（2）更改 SmartArt 图形颜色

选中 SmartArt 图形，在"SmartArt 工具"→"设计"→"SmartArt 样式"选项组中单击"更改颜色"下拉按钮，在下拉菜单中选择适合的颜色，如图 2-47 所示。系统会为 SmartArt 图形应用指定的颜色。

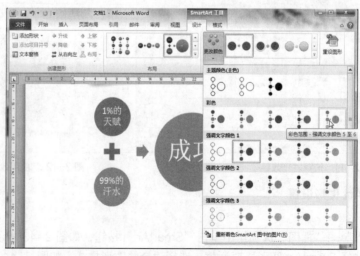

图 2-47　更改图形颜色

（3）更改 SmartArt 图形样式

① 选中 SmartArt 图形，在"SmartArt 工具"→"设计"→"SmartArt 样式"选项组中单击

"文档的最佳匹配对象"下拉按钮,在下拉菜单中选择适合的样式。

② 系统会为 SmartArt 图形应用指定的样式,如图 2-48 所示。

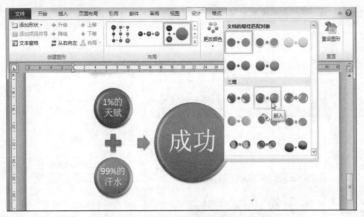

图 2-48 更改图形样式

实训五 表格和图表的应用

一、实训目的

在 Word 文档中插入图表会使文档变得更加生动形象,不仅增强了文档的美观性、阅读性,也增强了对文本内容的理解。读者要学会使用表格和图表。

二、实训内容

1. 表格的操作技巧

(1)插入表格

在"开始"→"表格"选项组中单击"插入表格"下拉按钮,在下拉菜单中拖动鼠标选择一个 5×5 的表格,如图 2-49 所示,即可在文档中插入一个 5×5 的表格,如图 2-50 所示。

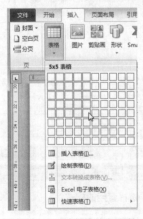

图 2-49 选择表格行列数

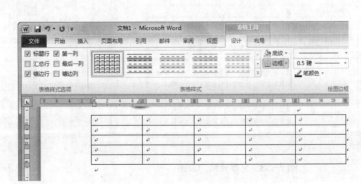

图 2-50 插入表格

(2)将文本转化为表格

① 将文档中的"、"号和":"号更改为","号,在"插入"→"表格"选项组中单

击"表格"下拉按钮，在下拉菜单中选择"文本转换成表格"命令，如图 2-51 所示。

② 打开"将文字转换成表格"对话框，选中"根据内容调整表格"单选钮，接着选中"逗号"单选钮，如图 2-52 所示。

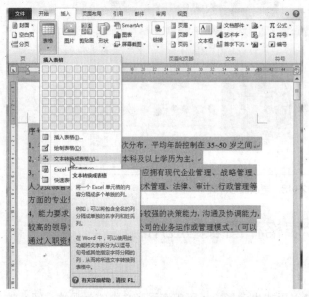

图 2-51　选择"将文本转换为表格"命令

图 2-52　设置转换样式

③ 单击"确定"按钮，即可将所选文字转换成表格内容，如图 2-53 所示。

（3）套用表格样式

单击表格任意位置，在"设计"→"表格样式"选项组中单击 按钮，在下拉菜单中选择要套用的表格样式，如图 2-54 所示。系统自动为表格应用选中的样式格式，效果如图 2-55 所示。

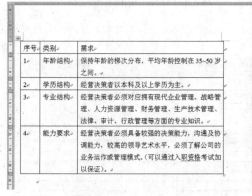

图 2-53　文本转换为表格

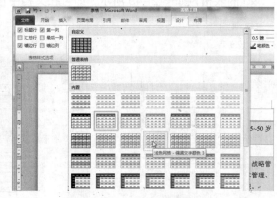

图 2-54　选择套用的样式

2. 图表的操作技巧

（1）插入图表

① 在"插入"→"图表"选项组中单击"图表"按钮，如图 2-56 所示。

② 打开"插入图表"对话框，在左侧单击"柱形图"，在右侧选择一种图表类型，如图 2-57 所示。此时系统会弹出 Excel 表格，并在表格中显示默认的数据，如图 2-58 所示。

③ 将需要创建表格的 Excel 数据复制到默认工作表中，如图 2-59 所示。

系统自动根据插入的数据源创建柱形图，效果如图 2-60 所示。

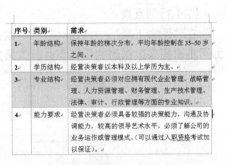

序号	类别	需求
1	年龄结构	保持年龄的梯次分布，平均年龄控制在 35~50 岁之间。
2	学历结构	经营决策者以本科及以上学历为主。
3	专业结构	经营决策者必须对应拥有现代企业管理、战略管理、人力资源管理、财务管理、生产技术管理、法律、审计、行政管理等方面的专业知识。
4	能力要求	经营决策者必须具备较强的决策能力，沟通与协调能力，较高的领导艺术水平，必须了解公司的业务运作或管理模式。（可以通过入职资格考试加以保证）。

图 2-55　应用样式效果

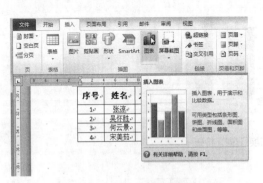

图 2-56　单击"图表"按钮

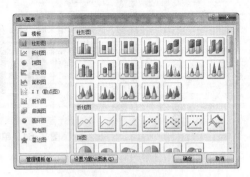

图 2-57　选择图表样式

图 2-58　系统默认数据源

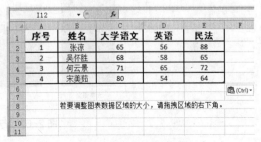

图 2-59　更改数据源

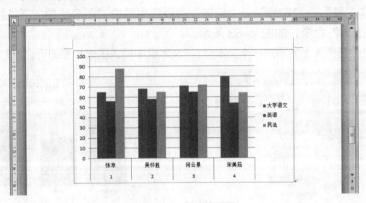

图 2-60　创建柱形图

（2）行列互换

在"图表工具"→"设计"→"数据"选项组中单击"切换行/列"按钮，如图 2-61 所示，即可更改图表数据源的行列表达，效果如图 2-62 所示。

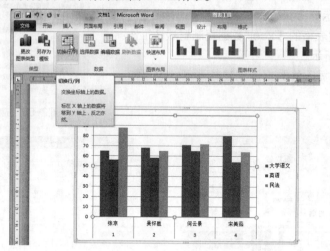

图 2-61　单击"切换行/列"按钮

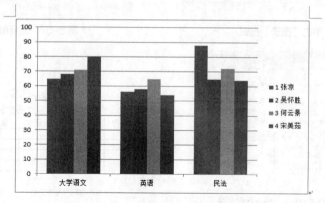

图 2-62　行列互换效果

（3）添加标题

① 在"图表工具"→"布局"→"标签"选项组中单击"图表标题"下拉按钮，在下拉菜单中选择"图表上方"命令，如图 2-63 所示。

② 此时系统会在图表上方添加一个文本框，在文本框中输入图表标题即可，效果如图 2-64 所示。

图 2-63　选择图表样式

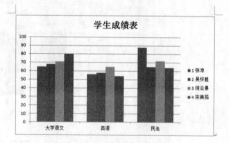

图 2-64　插入图表

实训六　页面布局

一、实训目的

在 Word 的编辑过程中，页面的大小设置直接关系到最终的显示效果，页面的大小和纸张大小、页边距的大小都有很大的关系，通过本实训的学习来掌握页面布局设置。

二、实训内容

1. 更改页边距

在"页面布局"→"页面设置"选项组中单击"页边距"下拉按钮，在下拉菜单中提供了 6 种具体的页面设置，分别为普通、窄、适中、宽、镜像、自定义选项，如图 2-65 所示，用户可根据需要选择页边距样式，这里选择"适中"。

2. 更改纸张方向

在"页面布局"→"页面设置"选项组中单击"纸张方向"下拉按钮，打开下拉菜单，默认情况下为纵向的纸张，单击"横向"选项，如图 2-66 所示。文档的纸张方向更改为横向，效果如图 2-67 所示。

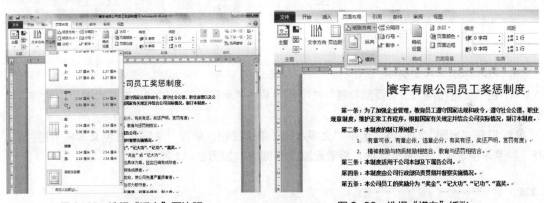

图 2-65　选择"适中"页边距　　　　　　图 2-66　选择"横向"纸张

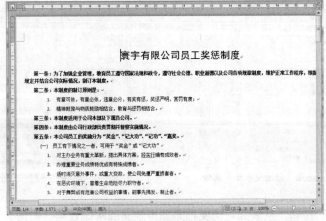

图 2-67　横向纸张效果

3．更改纸张大小

① 在"页面布局"→"页面设置"选项组中单击快捷按钮 ，如图 2-68 所示。

② 打开"页面设置"对话框，在"纸张"选项卡中，单击"纸张大小"下拉按钮，在下拉菜单中选择"16 开"，如图 2-69 所示。

③ 单击"确定"按钮，即可完成设置。

图 2-68　单击快捷按钮

图 2-69　选择纸张

4．为文档添加文字水印

① 在"页面布局"→"页面背景"选项组中单击"水印"下拉按钮，在下拉菜单中选择"自定义水印"命令，如图 2-70 所示。

② 打开"水印"对话框，选中"文字水印"单选按钮，单击"文字"右侧文本框下拉按钮，在下拉菜单中选择"传阅"选项，接着设置文字颜色，如图 2-71 所示。

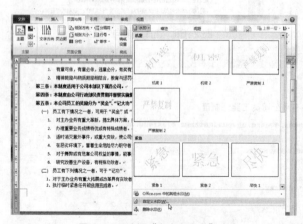

图 2-70　选择"自定义水印"命令

图 2-71　"水印"对话框

③ 单击"确定"按钮，系统即可为文档添加自定义的水印效果，如图 2-72 所示。

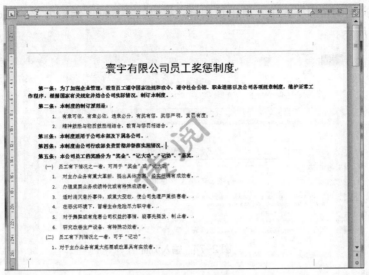

图 2-72　插入水印效果

实训七　页眉页脚和页码设置

一、实训目的

本实训目的是在进行文档编排后，可在文档中添加页眉、页脚和页码，使主题突出，使版式更加美观大方。

二、实训内容

1. 插入页眉

① 在"插入"→"页眉和页脚"选项组中单击"页眉"下拉按钮，在下拉菜单中选择页眉样式，如图 2-73 所示。

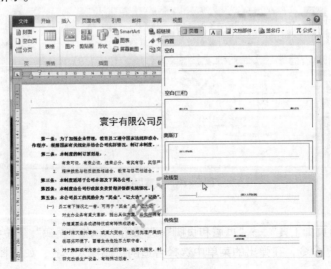

图 2-73　插入页眉

② 在插入文档的页眉样式里，单击页眉样式提供的文本框，编辑内容，完成页眉的快速插入，如图 2-74 所示。

图 2-74　输入页眉

2. 插入页脚

① 在"页眉和页脚工具"→"导航"选项组中单击"转至页脚"按钮，如图 2-75 所示。

图 2-75　转到页脚

② 切换到页脚区域，在页脚区域中输入文字，如图 2-76 所示。

图 2-76　设置页脚

3. 插入页码

① 在"页眉和页脚工具"→"页眉和页脚"选项组中单击"页码"下拉按钮，在下拉菜单中选择"页面底端"命令，在弹出的菜单中选择合适的页码插入形式，如选择"普通数字 2"，如图 2-77 所示。

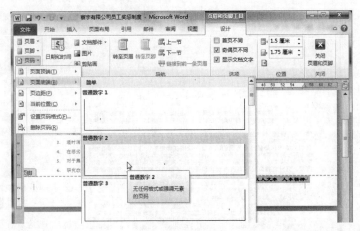

图 2-77 插入页码

② 设置完成后，在"页眉页脚工具"→"关闭"选项组中单击"关闭页眉页脚"按钮，即可完成设置，效果如图 2-78 所示。

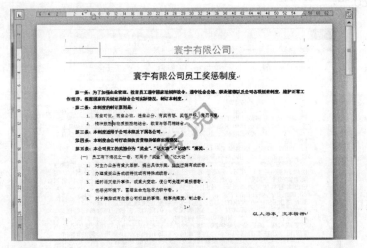

图 2-78 插入后效果

实训八 目录、注释、引文与索引的设置

一、实训目的

在处理长文档的过程中，想要快速了解整个文档层次结构及具体内容，可以为文档创建目录，同样也可以在文档中标记索引，对于插入的图片，还可以根据需要添加题注。

二、实训内容

1. 设置目录大纲级别

① 在"视图"→"文档视图"选项组中单击"大纲视图"按钮。

② 打开"大纲视图"对话框，按 Ctrl 键依次选中要设置为一级标题的标题，在"大纲视图"下拉按钮中选择"1 级"选项，如图 2-79 所示。

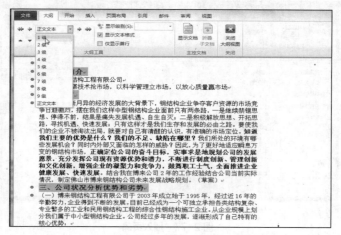

图2-79 设置一级标题

③ 按 Ctrl 键依次选中要设置为二级标题的标题，在"大纲视图"下拉按钮中选择"2 级"选项，如图 2-80 所示。

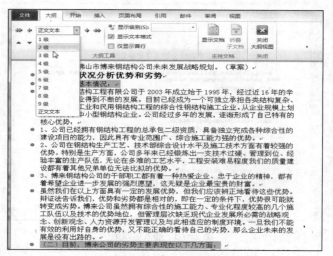

图2-80 设置二级标题

2. 提取文档目录

① 将光标定位到文档的起始位置，在"引用"→"目录"选项组中单击"目录"下拉按钮，在下拉菜单中选择"插入目录"命令，如图 2-81 所示。

② 打开"目录"对话框，即可显示文档目录结构，系统默认显示 3 级目录，如果长文档目录级别超过 3 级，在"常规"列表中的"显示级别"文本框中手动设置要显示的级别，单击"确定"按钮，如图 2-82 所示。

③ 设置完成后，单击"确定"按钮，目录显示效果如图 2-83 所示。

3. 目录的快速更新

① 对文档目录进行更改后，在"引用"→"目录"选项组中单击"更新目录"按钮，如图 2-84 所示。

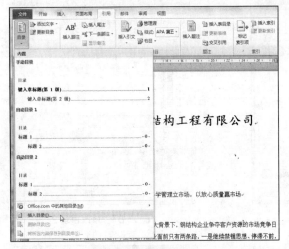

图 2-81 插入目录

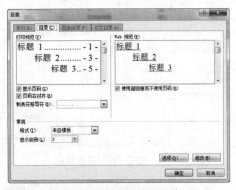

图 2-82 查看目录效果

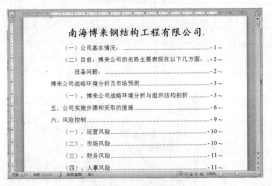

图 2-83 添加目录

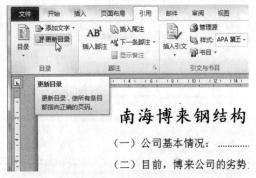

图 2-84 更新目录

② 打开"更新目录"对话框，选中"更新整个目录"单选按钮，单击"确定"按钮，如图 2-85 所示，即可更新目录。

4. 设置目录的文字格式

① 打开文档，在"引用"→"目录"选项组中单击"目录"下拉按钮，在下拉菜单中选择"插入目录"命令，打开"目录"对话框，单击"修改"按钮，如图 2-86 所示。

图 2-85 更新整个目录

② 打开"样式"对话框，在列表框中选择目录，可以看到相应的预览效果，单击"修改"按钮，如图 2-87 所示。

③ 打开"修改样式"对话框，重新设置样式格式，如字体、字号、颜色等，如图 2-88 所示。

④ 设置完成后，单击"确定"按钮，返回到"样式"对话框，可以看到预览效果（见图 2-89）。选择"目录 2"，再次单击"修改"按钮，打开"修改样式"对话框进行设置。

⑤ 所有目录设置完成后，回到"目录"对话框中，可以预览效果，如图 2-90 所示。

⑥ 单击"确定"按钮，退出"目录"对话框，弹出"是否替换所选目录"对话框，单击"是"按钮，设置好的效果即应用到目录中，如图 2-91 所示。

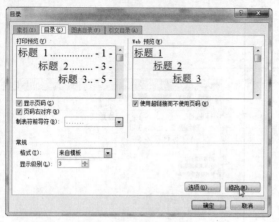

图 2-86　修改目录 1

图 2-87　修改目录 2

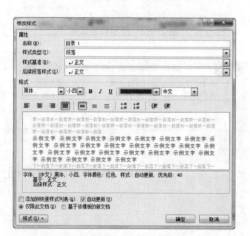

图 2-88　修改目录字体颜色

图 2-89　修改效果

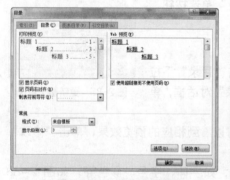

图 2-90　完全修改后效果

图 2-91　设置目录文字格式

5. 在文档中插入图片题注

① 打开文档，选中需要添加题注的图片，在"引用"→"题注"选项组中单击"插入题注"按钮，如图 2-92 所示。

② 打开"题注"对话框，单击"新建标签"按钮，如图 2-93 所示。

③ 打开"新建标签"对话框，在"标签"文本框中输入"图片"，如图 2-94 所示。

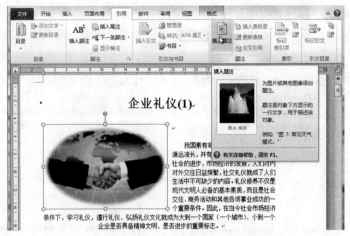

图 2-92　单击"插入题注"按钮

④ 单击"确定"按钮，即可为选中的图片添加"图片 1"的题注，如图 2-95 所示。

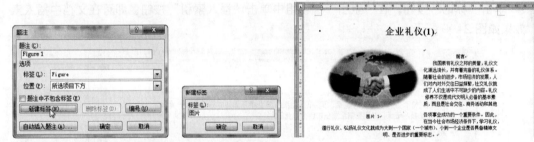

图 2-93　单击"新建标签"按钮　　图 2-94　新建标签　　　　图 2-95　插入题注效果

6. 在指定位置插入索引内容

① 将插入点定位到要插入索引的位置，在"引用"→"索引"选项组中单击"插入索引"
按钮，如图 2-96 所示。

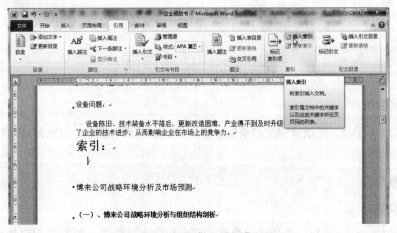

图 2-96　单击"插入索引"按钮

② 打开"索引"对话框，勾选"页码右对齐"复选框，设置"栏数"为 1，选择"排序依

据"为"拼音"，单击"标记索引项"按钮，如图 2-97 所示。

③ 打开"标记索引项"对话框，在"主索引项"文本框中输入需要索引的内容，如图 2-98 所示。

图 2-97 设置索引格式　　　　　　　　　　　图 2-98 设置索引内容

④ 单击"标记"按钮，在"索引"选项组中单击"插入索引"按钮，即可在文档中插入索引，效果如图 2-99 所示。

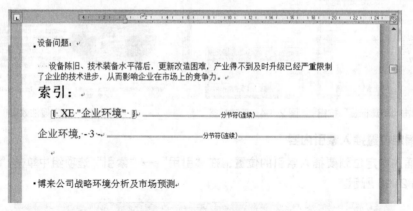

图 2-99 添加索引效果

实训九　文档审阅

一、实训目的

通过本实训的学习，可以掌握文档审阅，查出文档中是否有错误，以及对出现错误后插入批注的方法。

二、实训内容

1. 检查文档

① 在"审阅"→"校对"选项组中单击"拼音和语法"按钮，如图 2-100 所示。

② 打开"拼写和语法:中文（中国）对话框，即可看到在"输入错误或特殊用法"框中显示了系统认为错误的文字，并在"建议"列表框中给出了修改建议，如图 2-101 所示。

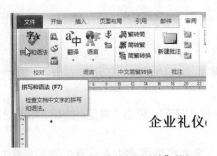

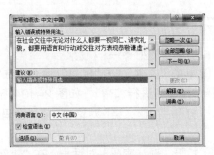

图 2-100 单击"拼音和语法"按钮   图 2-101 对文档进行检查

③ 如果文字没有错误，可以直接单击"忽略一次"或"下一句"按钮，即可进入下一处检查，直至文档结束。如果单击"全部忽略"按钮，则忽略整个文档的检查。

2. 插入批注

① 选中需要插入批注的文本，在"审阅"→"批注"选项组中单击"新建批注"按钮，如图 2-102 所示。

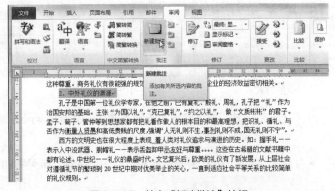

图 2-102 单击"新建批注"按钮

② 系统自动在文档右侧添加一个批注框，在其中输入批注内容即可，效果如图 2-103 所示。

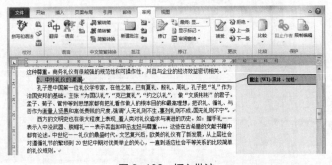

图 2-103 插入批注

实训十 文档的保护与打印

一、实训目的

通过本实训的学习可以掌握文档的保护与打印。

二、实训内容

1. 用密码保护文档

① 单击"文件"→"信息"命令，在右侧窗格单击"保护文档"下拉按钮，在其下拉菜单中选择"用密码进行加密"，如图 2-104 所示。

② 打开"加密文档"对话框，在"密码"文本框中输入密码，单击"确定"按钮，如图 2-105 所示。

③ 打开"确认密码"对话框，在"重新输入密码"文本框中再次输入设置的密码，单击"确定"按钮，如图 2-106 所示。

图 2-104　选择保护方式

图 2-105　输入密码

图 2-106　确认密码

④ 关闭文档后，再次打开文档时，系统会提示先输入密码，如果密码不正确则不能打开文档。

2. 打印文档

① 单击"文件"→"打印"命令，在右侧窗格单击"打印"按钮，即可打印文档，如图 2-107 所示。

图 2-107　打印文档

② 在右侧窗格的"打印预览"区域，可以看到预览情况。在"打印所有页"下拉菜单中可以设置打印当前页或打印整个文档。

③ 在"单面打印"下拉菜单中可以设置单面打印或者手动双面打印。

此外还可以设置打印纸张方向、打印纸张、正常边距等，用户可以根据需要自行设置。

3

第 3 章
Excel 2010 的应用

实训一　Excel 2010 文档的启动、保存与退出

一、实训目的

读者在学习 Excel 2010 时，先要掌握 Excel 的启动、保存与退出基本操作。

二、实训内容

1. Excel 2010 的启动

在学习 Excel 2010 之前，首先需要启动 Excel 2010。启动 Excel 2010 有以下几种方法。

方法一：如果在计算机桌面上创建了 Excel 2010 快捷方式（见图 3-1），用户可以使用鼠标左键双击该快捷方式图标来启动 Excel 2010。

方法二：如果桌面上没有创建 Excel 2010 快捷方式图标，可以通过单击"开始"按钮，选择"所有程序"→"Microsoft Office"→"Microsoft Excel 2010"命令（见图 3-2），即可启动 Microsoft Excel 2010。

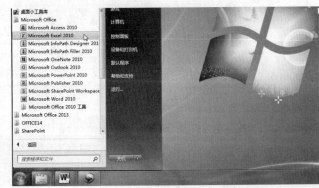

图 3-1　双击快捷方式启动 Excel 2010　　　　　图 3-2　单击菜单命令启动 Excel 2010

方法三：如果在快速启动栏中建立了 Excel 的快捷方式，可直接单击快捷方式图标启动 Excel 2010。

方法四：按 Win+R 组合键，调出"运行"对话框，输入"excel"，然后单击"确定"按钮（见图 3-3），也可启动 Excel 2010。

2. Excel 2010 的保存

保存建立的 Excel 文档，将文件位置放在"实验一"文件夹下，文件名设置为"学生成绩"，具体操作步骤如下。

① 启动 Excel 2010 应用程序，单击"文件"→"保存"命令，弹出"另存为"对话框，如图 3-4 所示。

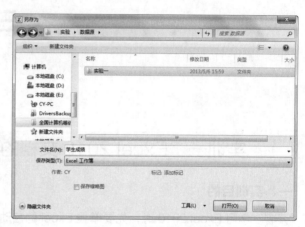

图 3-3 "运行"对话框　　　　　　　　图 3-4 "另存为"对话框

② 选择将要保存该文档的盘符、文件夹等位置，这里选择"实验一"文件夹，在"文件名"文本框中输入"学生成绩"。

③ 操作完成后，单击"保存"按钮即可。

3. Excel 2010 的退出

下面介绍退出 Excel 2010 的几种方法。

方法一：打开 Excel 2010 程序后，单击程序右上角的"关闭"按钮 ×（见图 3-5），即可快速退出主程序。

图 3-5 单击"关闭"按钮

　　方法二：打开 Excel 2010 程序后，单击"文件"→"退出"命令，即可快速退出当前打开的 Excel 工作簿，如图 3-6 所示。

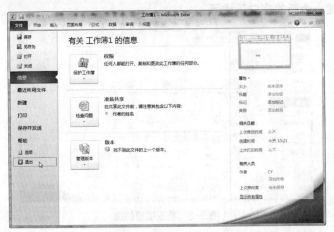

图 3-6　单击"退出"命令

　　方法三：直接按 Alt+F4 组合键退出 Excel 2010 程序。

实训二　工作簿与工作表操作

一、实训目的

　　要制作 Excel 表格，需要先学习创建工作簿，才能对工作簿进行操作。接着学习在工作簿中对工作表进行插入、删除、移动等操作。

二、实训内容

1. 创建工作簿

　　在 Excel 2010 中可以采用多种方法新建工作簿，具体实现方法如下。

　　（1）新建一个空白工作簿

　　方法一：启动 Excel 2010 应用程序后，会立即创建一个新的空白工作簿，如图 3-7 所示。

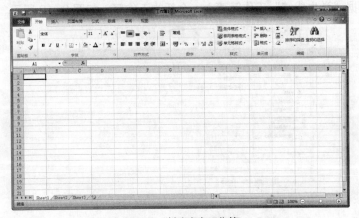

图 3-7　创建空白工作簿

方法二：在打开 Excel 的一个工作表后，按 Ctrl+N 组合键，将立即创建一个新的空白工作簿。

方法三：选择"文件"→"新建"命令，在右侧选中"空白工作簿"，单击"创建"按钮（见图 3-8），立即创建一个新的空白工作簿。

图 3-8　根据模板创建

（2）根据现有工作簿建立新的工作簿

根据"学生成绩"工作簿建立一个新的工作簿，具体操作步骤如下。

① 启动 Excel 2010 应用程序，选择"文件"→"新建"命令，打开"新建工作簿"任务窗格，在右侧选中"根据现有内容新建"，如图 3-9 所示。

图 3-9　"新建工作簿"任务窗格

② 打开"根据现有工作簿新建"对话框，选择需要的工作簿文档，如"学生成绩"，单击"新建"按钮即可根据"学生成绩"工作簿建立一个新的工作簿，如图 3-10 所示。

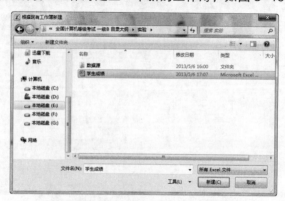

图 3-10　"根据现有工作簿新建"对话框

（3）根据模板建立工作簿

根据模板建立一个新的工作簿，具体操作步骤如下。

① 选择"文件"→"新建"命令，打开"新建工作簿"任务窗格。

② 在"模板"栏中有"可用模板"和"Office.com 模板"，可根据需要进行选择，如图 3-11 所示。

2．插入工作表

用户在编辑工作簿的过程中，如果工作表数目不够用，可以通过单击插入工作表按钮 的方法来插入新的工作表，如图 3-12 所示。单击一次，可以插入一个工作表，如图 3-13 所示。

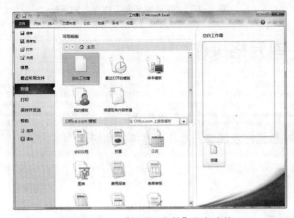

图 3-11　"新建工作簿"任务窗格

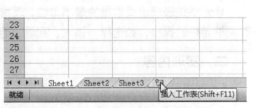

图 3-12　单击"插入工作表"按钮

3．删除工作表

下面介绍删除工作簿中 Sheet4 工作表的方法。

在 Sheet4 工作表标签上单击鼠标右键，在弹出的快捷菜单中选择"删除"命令，即可删除 Sheet4 工作表，如图 3-14 所示。

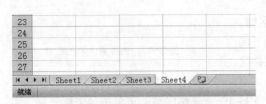

图 3-13　插入 Sheet4 工作表

图 3-14　单击"删除"命令

4．移动或复制工作表

移动或复制工作表可在同一个工作簿内也可在不同的工作簿之间来进行，具体操作步骤如下。

① 选择要移动或复制的工作表。

② 用鼠标右键单击要移动或复制的工作表标签，选择"移动或复制"命令（见图 3-15），打开"移动或复制工作表"对话框，如图 3-16 所示。

③ 在"工作簿"下拉菜单中选择要移动或复制到的目标工作簿名，如"学生成绩"。

④ 在"下列选定工作表之前"列表框中选择把工作表移动或复制到"学生成绩"工作表前。

⑤ 如果要复制工作表，应勾选"建立副本"复选框，否则为移动工作表，最后单击"确定"按钮。

图 3-15　选择要移动或复制的工作表

图 3-16　"移动或复制工作表"对话框

实训三　单元格操作

一、实训目的

单元格是表格承载数据的最小单位，表格主要的操作也是在单元格中进行的。因此，需要学习有关单元格的操作，如选择、插入、删除、合并单元格及调整行高、列宽等基本操作。

二、实训内容

1. 选择单元格

在向单元格中输入数据之前，先要选择单元格。

（1）选择单个单元格

选择单个单元格的方法非常简单，具体操作步骤如下。

将鼠标指针移动到需要选择的单元格上，单击该单元格即可选择，选择后的单元格四周会出现一个黑色粗边框，如图 3-17 所示。

（2）选择连续的单元格区域

要选择连续的单元格区域，可以按照如下两种方法操作。

方法一：拖动鼠标选择。若选择 A3:F10 单元格区域，可单击 A3 单元格，按住鼠标左键不放并拖曳光标到 F10 单元格，此时释放鼠标左键，即可选中 A3:F10 单元格区域，如图 3-18 所示。

图 3-17　选择单个单元格

方法二：使用快捷键选择单元格区域。若选择 A3:F10 单元格区域，可单击 A3 单元格，在按住 Shift 键的同时，单击 F10 单元格，即可选中 A3:F10 单元格区域。

（3）选择不连续的单元格或区域

选择不连续的单元格或单元格区域的操作步骤如下。

按住 Ctrl 键的同时，逐个单击需要选择的单元格或单元格区域，即可选择不连续的单元格或单元格区域，如图 3-19 所示。

2. 插入单元格

在编辑表格过程中有时需要不断地更改，如规划好框架后发现漏掉一个元素，此时就需要插入单元格，具体操作步骤如下。

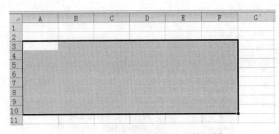

图 3-18 拖曳鼠标选择单元格区域

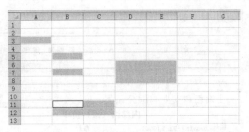

图 3-19 选择不连续的单元格或单元格区域

① 选中 A5 单元格,切换到"开始"→"单元格"选项组,单击"插入"下拉按钮,选择"插入单元格"命令,如图 3-20 所示。

② 弹出"插入"对话框,选择在选定单元格的前面还是上面插入单元格,如图 3-21 所示。

图 3-20 选中 A5 单元格

图 3-21 "插入"对话框

③ 单击"确定"按钮,即可插入单元格,如图 3-22 所示。

3. 删除单元格

删除单元格的具体操作步骤如下。

删除单元格时,先选中要删除的单元格,单击鼠标右键,在弹出的快捷菜单中选择"删除"命令,接着在弹出的"删除"对话框中选择"右侧单元格左移"或"下方单元格上移"即可。

图 3-22 插入单元格后的结果

4. 合并单元格

在表格的编辑过程中经常需要合并单元格,包括将多行合并为一个单元格、多列合并为一个单元格、多行多列合并为一个单元格,具体操作步骤如下。

① 在"开始"→"对齐方式"选项组中单击"合并后居中"下拉按钮,展开下拉菜单,如图 3-23 所示。

② 单击"合并后居中"选项,其合并效果如图 3-24 所示。

5. 调整行高和列宽

当单元格中输入的内容过长时,可以调整行高和列宽,其具体操作步骤如下。

① 选中需要调整行高的行,切换到"开始"→"单元格"选项组,单击"格式"下拉按钮,在下拉菜单中选择"行高"选项,如图 3-25 所示。

② 弹出"行高"对话框,在"行高"文本框中输入要设置的行高值,如图 3-26 所示。

如要调整列宽,其方法与调整行高类似。

图 3-23 "合并后居中"下拉菜单　　　　　　　　　图 3-24 合并后的效果

图 3-25 "格式"下拉菜单

图 3-26 "行高"对话框

实训四　数据输入

一、实训目的

在工作表中可以输入的数据类型有很多，包括数值、文本、日期、货币等，还涉及利用填充的方法实现数据的批量输入。下面来学习 Excel 2010 的数据输入。

二、实训内容

1. 输入文本

一般来说，输入到单元格中的中文汉字即文本型数据，另外，还可以将输入的数字设置为文本格式，可以通过下面介绍的方法来实现。

① 打开工作表，选中单元格，输入数据，其默认格式为"常规"，如图 3-27 所示。

② "序号"列中想显示的序号为"001，002，…"这种形式，输入时如图 3-28（a）所示，显示的结果如图 3-28（b）所示（前面的 0 被自动省略）。

③ 此时则需要首先设置单元格的格式为"文本"，然后再输入序号。选中要输入"序号"的单元格区域，切换到"开始"菜单，在"数字"选项组中单击设置单元格格式按钮，弹出"设置单元格格式"对话框，在"分类"列表框中选择"文本"选项，如图 3-29 所示。

④ 单击"确定"按钮，再输入以 0 开头的编号时即可正确显示出来，如图 3-30 所示。

图 3-27 默认格式为"常规"

（a） （b）

图 3-28 输入显示的结果

图 3-29 设置文本的单元格格式　　　　　图 3-30 输入以 0 开头的编号

2. 输入数值

直接在单元格中输入的数字，默认是可以参与运算的数值。但根据实际操作的需要，有时需要设置数值的其他显示格式，如包含特定位数的小数、以货币值显示等。

（1）输入包含指定小数位数的数值

当输入数值包含小数位时，输入几位小数，单元格中就显示出几位小数。如果希望所有输入的数值都包含几位小数（如 3 位，不足 3 位的用 0 补齐），可以按如下方法设置。

① 选中要输入包含 3 位小数数值的单元格区域，在"开始"→"数字"选项组中单击设置单元格格式按钮，如图 3-31 所示。

② 打开"设置单元格格式"对话框，在"分类"列表框中选择"数值"选项，根据实际需要设置小数的位数，如图 3-32 所示。

图 3-31　单击 按钮　　　　　　　　　　　图 3-32　设置数值的单元格格式

③ 单击"确定"按钮，在设置了格式的单元格中输入数值时，会自动显示为包含 3 位小数的数值，如图 3-33 所示。

（2）输入货币数值

要让输入的数据显示为货币格式，可以按如下方法操作。

① 打开工作表，选中要设置为"货币"格式的单元格区域，切换到"开始"→"数字"选项组，单击设置单元格格式按钮 ，弹出"设置单元格格式"对话框。在"分类"列表框中选择"货币"选项，并设置小数位数、货币符号的样式，如图 3-34 所示。

图 3-33　显示为包含 3 位小数的数值

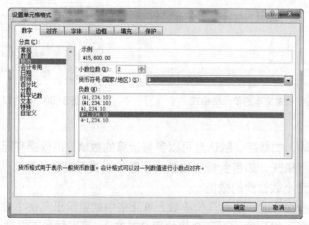

图 3-34　设置货币的单元格格式

② 单击"确定"按钮，则选中的单元格区域数值格式更改为货币格式，如图 3-35 所示。

3. 输入日期数据

要在 Excel 表格中输入日期，需要以 Excel 可以识别的格式输入，如输入"13-3-2"，按

Enter 键则显示"2013-3-2"；输入"3-2"，按 Enter 键后其默认的显示结果为"1 月 2 日"。如果想以其他形式显示数据，可以通过下面介绍的方法来实现。

图 3-35　更改为货币格式

① 选中要设置为特定日期格式的单元格区域，切换到"开始"→"数字"选项组，单击设置单元格格式按钮，弹出"设置单元格格式"对话框。

② 在"分类"列表框中选择"日期"选项，并设置小数位数，接着在"类型"列表框中选择需要的日期格式，如图 3-36 所示。

图 3-36　设置日期的单元格格式

③ 单击"确定"按钮，则选中的单元格区域中的日期数据格式被更改为指定的格式，如图 3-37 所示。

4．用填充功能批量输入

在工作表特定的区域中输入相同数据或是有一定规律的数据时，可以使用数据填充功能来快速输入。

（1）输入相同数据

输入相同数据的具体操作步骤如下。

① 在单元格中输入第 1 个数据（如此处在 B3 单元格中输入"冠益乳"），移动光标至单元格右下角，光标变为十字填充柄形状，如图 3-38 所示。

② 按住鼠标左键向下拖曳（见图 3-39），释放鼠标后，可以看到拖曳光标经过的单元格上都填充了与 B3 单元格中相同的数据，如图 3-40 所示。

图 3-37　被更改为指定的日期格式

图 3-38　输入第 1 个数据

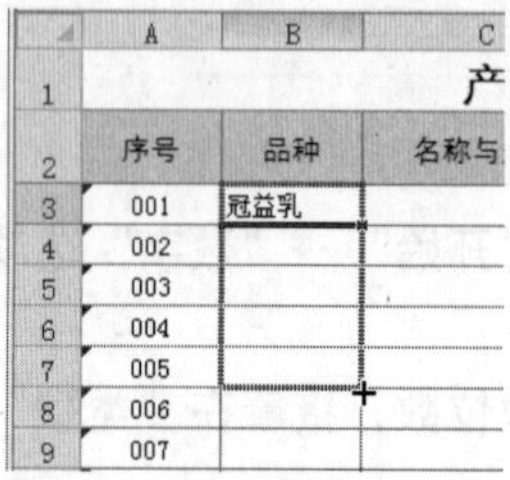

图 3-39　鼠标左键向下拖曳

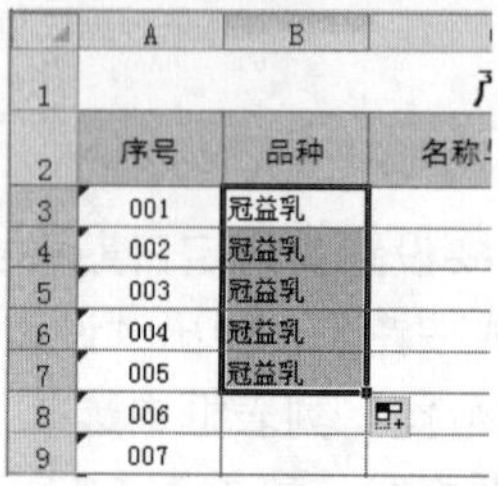

图 3-40　输入相同数据

（2）连续序号、日期的填充

通过填充功能可以实现一些有规则数据的快速输入，如输入序号、日期、星期、月份等。要实现有规律数据的填充，需要至少选择两个单元格来作为填充源，这样程序才能根据当前选中的填充源的规律来完成数据的填充，具体操作步骤如下。

① 在 A3 和 A4 单元格中分别输入前两个序号。选中 A3:A4 单元格区域，将光标移至该单元格区域右下角时变为填充柄形状，如图 3-41 所示。

② 按住鼠标左键不放，向下拖曳至填充结束的位置，松开鼠标左键，拖曳光标经过的单元格区域中会按特定的规则完成序号的输入，如图 3-42 所示。

图 3-41　选中单元格

图 3-42　填充连续序号

日期默认情况下会自动递增，因此要实现连续日期的填充，只需要输入第 1 个日期，然后按相同的方法向下填充即可实现连续日期的输入，如图 3-43 所示。

图 3-43　输入连续日期

（3）不连续序号或日期的填充

如果数据是不连续显示的，也可以使用填充输入实现，其关键是要将填充源设置好，具体操作方法如下。

在开始输入数据的两个单元格中分别输入数列的前两项，然后选定这两个单元格，并沿填充方向拖动控制句柄"十"。

例如：

① 第 1 个序号是 001，第 2 个序号是 003，那么填充得到的就是 001、003、005、007、…的效果，如图 3-44 所示。

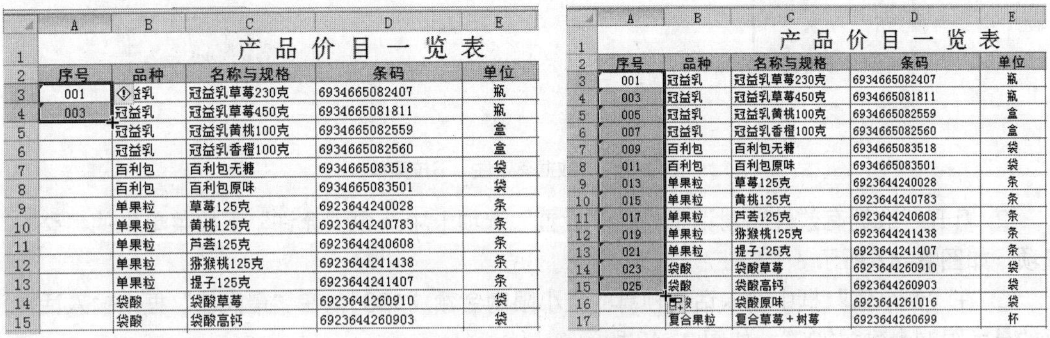

图 3-44　输入连续日期

② 第 1 个日期是 2013/5/1，第 2 个日期是 2013/5/4，那么填充得到的就是 2013/5/1、2013/5/4、2013/5/7、2013/5/10、…的效果，如图 3-45 所示。

图 3-45　得到填充后的结果

实训五　数据有效性设置

一、实训目的

通过数据有效性设置的学习，可以建立一定的规则来限制向单元格中输入的内容，并有效地防止输错数据。

二、实训内容

1. 设置数据有效性

工作表中"话费预算"列的数值为 100～300 元，这时可以设置"话费预算"列的数据有效性为大于 100 小于 300 的整数，具体操作步骤如下。

① 选中设置数据有效性的单元格区域，如 B2:B9 单元格区域，在"数据"→"数据工具"选项组中单击"数据有效性"下拉按钮，在下拉菜单中选择"数据有效性"命令，如图 3-46 所示。

图 3-46　"数据有效性"下拉菜单

② 打开"数据有效性"对话框，在"设置"选项卡中选中"允许"下拉菜单中的"整数"选项，如图 3-47 所示。

③ 在"最小值"框中输入话费预算的最小限制金额"100"，在"最大值"框中输入话费预算的最大限制金额"300"，如图 3-48 所示。

图 3-47　"数据有效性"对话框 1

图 3-48　"数据有效性"对话框 2

④ 当在设置了数据有效性的单元格区域中输入不在限制的范围内的数值时，会弹出错误提示信息，如图 3-49 所示。

图 3-49　设置后的效果

2. 设置鼠标指向时显示提示信息

通过数据有效性的设置，可以实现让鼠标指向时就显示提示信息，从而达到提示输入的目的，具体操作步骤如下。

① 选中设置数据有效性的单元格区域，在"数据"→"数据工具"选项组中单击"数据有效性"按钮，打开"数据有效性"对话框。

② 选择"输入信息"选项卡，在"标题"文本框中输入"请注意输入的金额"；在"输入信息"文本框中输入"请输入 100~300 之间的预算话费!!"，如图 3-50 所示。

③ 设置完成后，当光标移动到之前选中的单元格上时，会自动弹出浮动提示信息窗口，如图 3-51 所示。

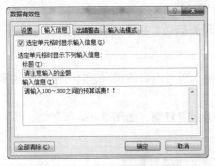

图 3-50 "数据有效性"对话框

图 3-51 设置后的效果

实训六 数据编辑与整理

一、实训目的

通过学习来掌握 Excel 2010 的数据编辑与整理。

二、实训内容

1. 移动数据

要将已经输入表格的数据移动到新位置，需要先将原内容剪切，再粘贴到目标位置，可以通过下面介绍的方法来实现。

① 打开工作表，选中需要移动的数据，按 Ctrl+X 组合键（剪切），如图 3-52 所示。

图 3-52 剪切数据

② 选择需要移动的目标位置，按 Ctrl+V 组合键（粘贴）即可将数据移动，如图 3-53 所示。

2. 修改数据

如果在单元格中输入了错误的数据，可以用以下两种方法进行修改。

方法一：通过编辑栏修改数据。选中单元格，单击编辑栏，然后在编辑栏内修改数据。

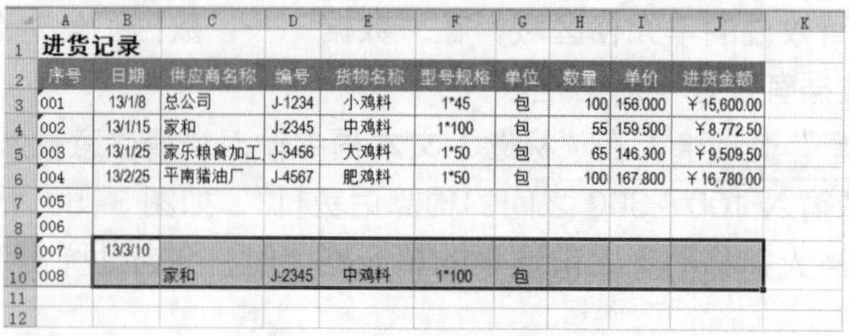

进货记录									
序号	日期	供应商名称	编号	货物名称	型号规格	单位	数量	单价	进货金额
001	13/1/8	总公司	J-1234	小鸡料	1*45	包	100	156.000	￥15,600.00
002	13/1/15	家和	J-2345	中鸡料	1*100	包	55	159.500	￥8,772.50
003	13/1/25	家乐粮食加工	J-3456	大鸡料	1*50	包	65	146.300	￥9,509.50
004	13/2/25	平南猪油厂	J-4567	肥鸡料	1*50	包	100	167.800	￥16,780.00
005									
006									
007	13/3/10								
008		家和	J-2345	中鸡料	1*100	包			

图 3-53　粘贴数据后的效果

方法二：在单元格内修改数据。双击单元格，出现光标后，在单元格内对数据进行修改。

3. 复制数据

在表格编辑过程中，经常会出现在不同单元格中输入相同内容的情况，此时可以利用复制的方法以实现数据的快速输入，具体操作步骤如下。

① 打开工作表，选择要复制的数据，按 Ctrl+C 组合键复制，如图 3-54 所示。

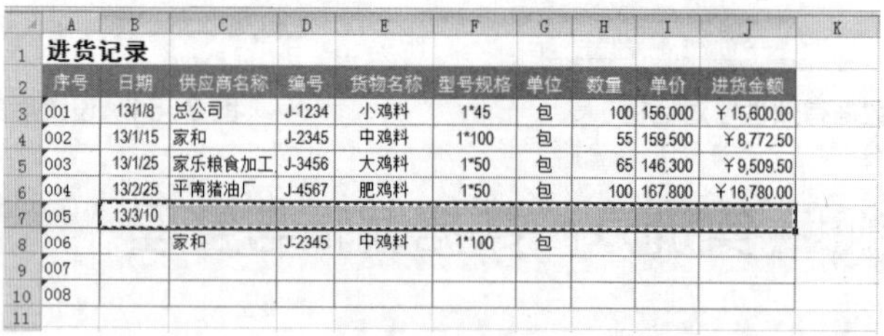

进货记录									
序号	日期	供应商名称	编号	货物名称	型号规格	单位	数量	单价	进货金额
001	13/1/8	总公司	J-1234	小鸡料	1*45	包	100	156.000	￥15,600.00
002	13/1/15	家和	J-2345	中鸡料	1*100	包	55	159.500	￥8,772.50
003	13/1/25	家乐粮食加工	J-3456	大鸡料	1*50	包	65	146.300	￥9,509.50
004	13/2/25	平南猪油厂	J-4567	肥鸡料	1*50	包	100	167.800	￥16,780.00
005	13/3/10								
006		家和	J-2345	中鸡料	1*100	包			
007									
008									

图 3-54　复制数据

② 选择需要复制数据的目标位置，按 Ctrl+V 组合键即可粘贴，如图 3-55 所示。

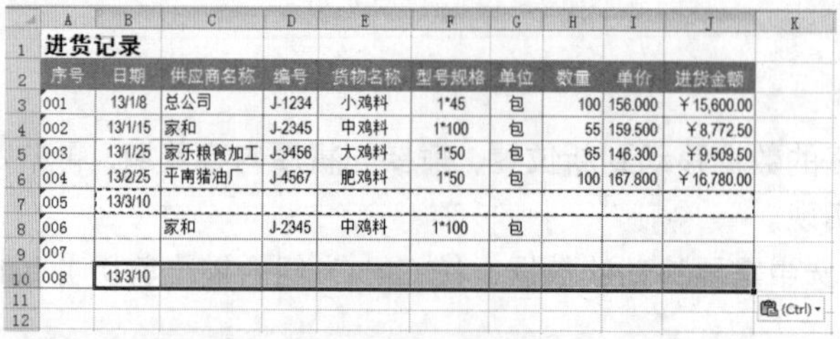

进货记录									
序号	日期	供应商名称	编号	货物名称	型号规格	单位	数量	单价	进货金额
001	13/1/8	总公司	J-1234	小鸡料	1*45	包	100	156.000	￥15,600.00
002	13/1/15	家和	J-2345	中鸡料	1*100	包	55	159.500	￥8,772.50
003	13/1/25	家乐粮食加工	J-3456	大鸡料	1*50	包	65	146.300	￥9,509.50
004	13/2/25	平南猪油厂	J-4567	肥鸡料	1*50	包	100	167.800	￥16,780.00
005	13/3/10								
006		家和	J-2345	中鸡料	1*100	包			
007									
008	13/3/10								

图 3-55　粘贴数据后的效果

4. 突出显示员工工资大于 3 000 元的数据

在单元格格式中应用突出显示单元格规则时，可以设置满足某一规则的单元格突出显示，如大于或小于某一规则。下面介绍设置员工工资大于 3 000 元的数据以红色标记显示的方法，具体操作步骤如下。

① 选中显示工资的单元格区域，在“开始”→“样式”选项组中单击“条件格式”按钮，在弹出的下拉菜单中可以选择条件格式，此处选择“突出显示单元格规则”→“大于”，如图 3-56 所示。

② 弹出设置对话框，设置单元格值大于“3 000”时显示为“浅红填充色深红色文本”，如图 3-57 所示。

③ 单击“确定”按钮回到工作表中，可以看到所有工资大于 3 000 的单元格都显示为红色，如图 3-58 所示。

图 3-56 "条件格式"下拉菜单

图 3-57 "大于"对话框

图 3-58 设置后的效果

5. 使用数据条突出显示采购费用金额

在 Excel 2010 中，利用数据条功能可以非常直观地查看区域中数值的大小情况。下面介绍使用数据条突出显示采购金额的方法，具体操作步骤如下。

① 选中 D 列中的采购金额单元格区域，在"开始"→"样式"选项组中单击 条件格式 按钮。

② 在弹出的下拉菜单中单击"数据条"子菜单，接着选择一种合适的数据条样式。选择合适的数据条样式后，在单元格中就会显示出数据条，如图 3-59 所示。

图 3-59 设置后的效果

实训七 公式与函数使用

一、实训目的

通过本实训掌握公式与函数的使用，来轻松完成各种复杂的计算。

二、实训内容

1. 输入公式

打开“员工考核表”工作簿，在“行政部”工作表中，利用公式计算出平均成绩，具体操作步骤如下。

① 启动 Excel 2010 应用软件，选择“文件”→“打开”命令，在弹出的“打开”对话框中选择“员工考核表”工作簿，单击“打开”按钮，如图 3-60 所示。

② 选定“行政部”工作表，把光标定位在 E2 单元格，先输入等号“=”，再输入左括号“(”，然后用鼠标单击 B2 单元格，输入加号“+”，再用鼠标单击 C2 单元格，输入加号“+”，再用鼠标单击 D2 单元格，输入右括号“)”，再依次输入除号“/”和除数“3”。这时 E2 单元格的内容就变成了“=(B2+C2+D2)/3”，按 Enter 键，E2 单元格的内容变成了“81”，如图 3-61 所示。

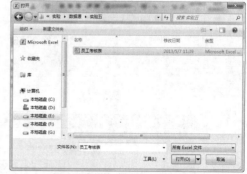

图 3-60 “打开”对话框

③ 把光标放在 E2 单元格的右下角，当光标变为十字填充柄形状的时候，按住鼠标左键向下拖曳直到 E6 单元格，如图 3-62 所示，即可求出各员工的平均成绩。

E2 fx =(B2+C2+D2)/3

	A	B	C	D	E	F
1	员工姓名	答卷考核	操作考核	面试考核	平均成绩	总分
2	刘平	87	76	80	81	
3	杨静	65	76	66		
4	汪任	65	55	63		
5	张燕	68	70	75		
6	江河	50	65	71		
7						

图 3-61 输入公式

E2 fx =(B2+C2+D2)/3

	A	B	C	D	E	F	G
1	员工姓名	答卷考核	操作考核	面试考核	平均成绩	总分	
2	刘平	87	76	80	81		
3	杨静	65	76	66	69		
4	汪任	65	55	63	61		
5	张燕	68	70	75	71		
6	江河	50	65	71	62		
7							

图 3-62 复制公式

2. 输入函数

打开“员工考核表”工作簿，在“行政部”工作表中，利用函数计算出总分，具体操作步骤如下。

① 启动 Excel 2010 应用软件，选择“文件”→“打开”命令，在弹出的“打开”对话框中选择“员工考核表”工作簿，单击“打开”按钮。

② 选定“行政部”工作表。把光标定位在 F2 单元格，先输入等号“=”，输入“SUM”函数，再输入左括号“(”，然后用鼠标单击 B2:D2 单元格区域，输入右括号“)”。这时 F2 单元格的内容就变成了 “=SUM(B2:D2)”，按 Enter 键，F2 单元格的内容变成了“243”，如图 3-63 所示。

③ 把光标放在 F2 单元格的右下角，当光标变为十字填充柄形状时，按住鼠标左键向下拖曳直至 F6 单元格，如图 3-64 所示，即可计算出各员工的总分。

F2 fx =SUM(B2:D2)

	A	B	C	D	E	F
1	员工姓名	答卷考核	操作考核	面试考核	平均成绩	总分
2	刘平	87	76	80	81	243
3	杨静	65	76	66	69	
4	汪任	65	55	63	61	
5	张燕	68	70	75	71	
6	江河	50	65	71	62	

图 3-63 输入函数

F2 fx =SUM(B2:D2)

	A	B	C	D	E	F	G
1	员工姓名	答卷考核	操作考核	面试考核	平均成绩	总分	
2	刘平	87	76	80	81	243	
3	杨静	65	76	66	69	207	
4	汪任	65	55	63	61	183	
5	张燕	68	70	75	71	213	
6	江河	50	65	71	62	186	
7							

图 3-64 复制公式

3．常用函数应用

（1）IF 函数的使用

下面介绍 IF 函数的功能，并使用 IF 函数根据员工的销售量进行业绩考核。

函数功能：如果指定条件的计算结果为 TRUE，IF 函数将返回某个值；如果该条件的计算结果为 FALSE，则返回另一个值。例如，如果 A1 大于 10，公式"=IF(A1>10,"大于 10","不大于10")"将返回"大于 10"，如果 A1 小于等于 10，则返回"不大于 10"。

函数语法：IF(logical_test, [value_if_true], [value_if_false])

参数解释：

● logical_test：必需。计算结果可能为 TRUE 或 FALSE 的任意值或表达式。

● value_if_true：可选。logical_test 参数的计算结果为 TRUE 时所要返回的值。

● value_if_false：可选。logical_test 参数的计算结果为 FALSE 时所要返回的值。

对员工本月的销售量进行统计后，作为主管人员可以对员工的销量业绩进行考核，这里可以使用 IF 函数来实现。

① 选中 F2 单元格，在公式编辑栏中输入公式：=IF(E2<=5,"差",IF(E2>5,"良","")），按 Enter 键，即可对员工的业绩进行考核。

② 将光标移到 F2 单元格的右下角，光标变成十字填充柄形状后，按住鼠标左键向下拖曳进行公式填充，即可得出其他员工业绩考核结果，如图 3-65 所示。

（2）SUM 函数的使用

下面介绍 SUM 函数的功能，并使用 SUM 函数计算总销售额。

函数功能：SUM 将用户指定为参数的所有数字相加。每个参数都可以是区域、单元格引用、数组、常量、公式或另一个函数的结果。

函数语法：SUM(number1,[number2],...)

参数解释：

● number1：必需。想要相加的第 1 个数值参数。

● number2,...：可选。想要相加的 2~255 个数值参数。

在统计了每种产品的销售量与销售单价后，可以直接使用 SUM 函数统计出这一阶段的总销售额。

选中 B8 单元格，在公式编辑栏中输入公式"=SUM(B2:B5*C2:C5)"，按 Ctrl+Shift+Enter 组合键（必须按此组合键，数组公式才能得到正确结果），即可通过销售数量和销售单价计算出总销售额，如图 3-66 所示。

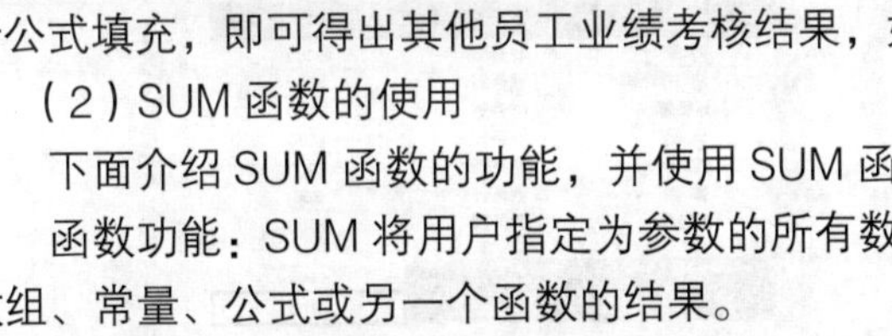

图 3-65　员工业绩考核结果

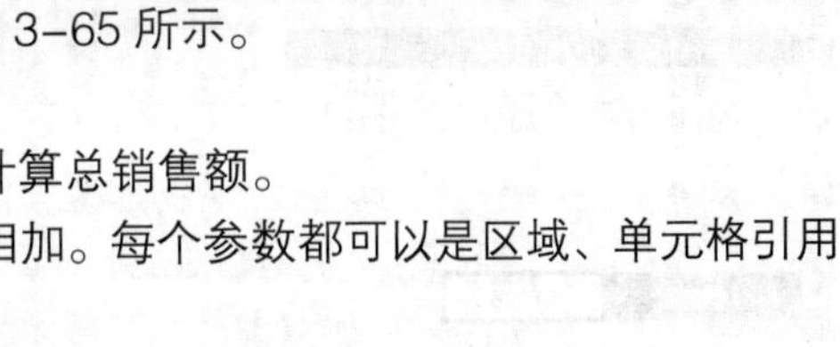

图 3-66　计算总销售额

（3）SUMIF 函数的使用

下面介绍 SUMIF 函数的功能，并使用 SUMIF 函数统计各部门工资总额。

函数功能：SUMIF 函数可以对区域（区域即工作表上的两个或多个单元格。区域中的单元格可以相邻也可以不相邻）中符合指定条件的值求和。

函数语法：SUMIF(range, criteria, [sum_range])

参数解释：

- range：必需。用于条件计算的单元格区域。每个区域中的单元格都必须是数字或名称、数组或包含数字的引用。空值和文本值将被忽略。
- criteria：必需。用于确定对那些单元格求和的条件，其形式可以为数字、表达式、单元格引用、文本或函数。
- sum_range：可选。要求和的实际单元格（如果要对未在 range 参数中指定的单元格求和需用到该参数）。如果 sum_range 参数被省略，Excel 会对在 range 参数中指定的单元格（即应用条件的单元格）求和。

如果要按照部门统计工资总额，可以使用 SUMIF 函数来实现。

① 选中 C10 单元格,在公式编辑栏中输入公式"=SUMIF(B2:B8,"业务部",C2:C8)",按 Enter 键，即可统计出"业务部"的工资总额，如图 3-67 所示。

② 选中 C11 单元格,在公式编辑栏中输入公式"=SUMIF(B2:B8,"财务部",C2:C8)",按 Enter 键，即可统计出"财务部"的工资总额，如图 3-68 所示。

图 3-67 "业务部"的工资总额   图 3-68 "财务部"的工资总额

（4）AVEDEV 函数的使用

下面介绍 AVERAGE 函数的使用，并在使用 AVERAGE 函数求平均值时忽略计算区域中的 0 值。

函数功能：AVERAGE 函数用于返回参数的平均值（算术平均值）。

函数语法：AVERAGE(number1, [number2], ...)

参数解释：

- number1：必需。要计算平均值的第 1 个数字、单元格引用或单元格区域。
- number2, ...：可选。要计算平均值的其他数字、单元格引用或单元格区域，最多可包含 255 个。

当需要求平均值的单元格区域中包含 0 值时，它们也将参与求平均值的运算。如果想排除该区域中的 0 值，可以按如下方法设置公式。

选中 B9 单元格,在编辑栏中输入公式"=AVERAGE(IF(B2:B7<>0,B2:B7))",同时按 Ctrl+Shift+Enter 组合键，即可忽略 0 值求平均值，如图 3-69 所示。

（5）COUNT 函数的使用

下面介绍 COUNT 函数的功能，并使用 COUNT 函数统计销售记录条数。

函数功能：COUNT 函数用于计算包含数字的单元格及参数列表中数字的个数。

函数语法：COUNT(value1, [value2], ...)

参数解释：

- value1：必需。要计算其中数字的个数的第 1 个项、单元格引用或区域。
- value2, ...：可选。要计算其中数字的个数的其他项、单元格引用或区域，最多可包含 255 个。

如果要在员工产品销售数据统计报表中统计销售记录条数，可以按如下方法进行设置。

选中 C12 单元格，在公式编辑栏中输入公式：=COUNT(A2:C10)，按 Enter 键，即可统计出销售记录条数为 "9"，如图 3-70 所示。

图 3-69　计算平均分数　　　　　　图 3-70　统计销售记录条数

（6）MAX 函数的使用

下面介绍 MAX 函数的功能，并使用 MAX 函数统计最高销售量。

函数功能：MAX 函数表示返回一组值中的最大值。

函数语法：MAX(number1, [number2], ...)

参数解释：

- number1, number2, ...：number1 是必需的，后续数值是可选的。这些参数是要从中找出最大值的 1~255 个数字参数。

可以使用 MAX 函数返回最高销售量，方法如下。

选中 B6 单元格，在公式编辑栏中输入公式 "=MAX(B2:E4)"，按 Enter 键，即可返回 B2:E4 单元格区域中最大值，如图 3-71 所示。

（7）MIN 函数的使用

下面介绍 MIN 函数的功能，并使用 MIN 函数统计最低销售量。

函数功能：MIN 函数表示返回一组值中的最小值。

函数语法：MIN(number1, [number2], ...)

参数解释：

- number1, number2, ...：number1 是必需的，后续数值是可选的。这些参数是要从中找出最小值的 1~255 个数字参数。

可以使用 MIN 函数返回最低销售量，方法如下。

选中 B7 单元格，在公式编辑栏中输入公式：=MIN(B2:E4)，按 Enter 键，即可返回 B2:E4 单元格区域中的最小值，如图 3-72 所示。

（8）TODAY 函数的使用

下面介绍 TODAY 函数的功能，并使用 TODAY 函数显示出当前日期。

函数功能：TODAY 返回当前日期的序列号。

函数语法：TODAY()

参数解释：

- TODAY：函数语法没有参数。

	B6		f_x	=MAX(B2:E4)	
	A	B	C	D	E	F
1	月份	滨湖店	新亚店	淝滨店	观前店	
2	1月	400	380	280	190	
3	2月	200	468	265	290	
4	3月	480	265	180	288	
5						
6	最高销量	480				
7	最低销量					

图 3-71 统计最高销售量

	B7		f_x	=MIN(B2:E4)	
	A	B	C	D	E	F
1	月份	滨湖店	新亚店	淝滨店	观前店	
2	1月	400	380	280	190	
3	2月	200	468	265	290	
4	3月	480	265	180	288	
5						
6	最高销量	480				
7	最低销量	180				

图 3-72 统计最低销售量

要想在单元格中显示出当前日期，可以使用 TODAY 函数来实现，方法如下。

选中 B2 单元格，在公式编辑栏中输入公式"=TODAY()"，按 Enter 键，即可显示当前的日期，如图 3-73 所示。

（9）DAY 函数的使用

下面介绍 DAY 函数的功能，并使用 DAY 函数返回任意日期对应的当月天数。

函数功能：DAY 表示返回以序列号表示的某日期当月的天数，用整数 1~31 表示。

函数语法：DAY(serial_number)

参数解释：

● serial_number：必需。要查找的那一天的日期。应使用 DATE 函数输入日期，或者将日期作为其他公式或函数的结果输入。

返回任意日期对应的当月天数的方法如下。

① 选中 B2 单元格，在公式编辑栏中输入公式"=DAY(A2)"，按 Enter 键，即可根据指定的日期返回日期对应的当月天数。

② 将光标移到 B2 单元格的右下角，光标变成十字填充柄形状后，按住鼠标左键向下拖曳进行公式填充，即可根据其他指定日期得到其当月的天数，如图 3-74 所示。

图 3-73 显示出当前日期

图 3-74 返回任意日期对应的当月天数

（10）LEFT 函数的使用

下面介绍 LEFT 函数的功能，并使用 LEFT 函数快速生成对客户的称呼。

函数功能：LEFT 函数根据所指定的字符数，返回文本字符串中第 1 个字符或前几个字符。

函数语法：LEFT(text, [num_chars])

参数解释：

● text：必需。包含要提取的字符的文本字符串。

● num_chars：可选。指定要由 LEFT 提取的字符的数量。

公司接待员每天都需要记录来访人员的姓名、性别、所在单位等信息，当需要在来访记录表中获取各来访人员的具体称呼时，可以使用 LEFT 函数来实现。

① 选中 D2 单元格，在公式编辑栏中输入公式"=C2&LEFT(A2,1)&IF(B2="男","先生","女士")"，按 Enter 键，即可自动生成对第 1 位来访人员的称呼"合肥燕山王先生"。

② 将光标移到 D2 单元格的右下角，光标变成十字填充柄形状后，按住鼠标左键向下拖曳

进行公式填充，即可自动生成其他来访人员的具体称呼，如图 3-75 所示。

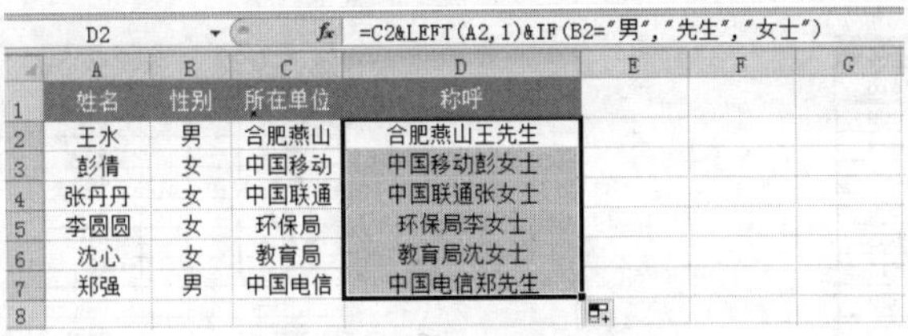

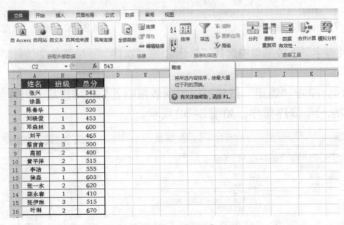

D2
=C2&LEFT(A2,1)&IF(B2="男","先生","女士")
姓名 性别 所在单位 称呼
王水 男 合肥燕山 合肥燕山王先生
彭倩 女 中国移动 中国移动彭女士
张丹丹 女 中国联通 中国联通张女士
李圆圆 女 环保局 环保局李女士
沈心 女 教育局 教育局沈女士
郑强 男 中国电信 中国电信郑先生

图 3-75　生成对客户的称呼

实训八　数据处理与分析

一、实训目的

下面学习 Excel 数据处理与分析，包括数据排序、数据筛选、分类汇总等。

二、实训内容

1. 数据排序

利用排序功能可以将数据按照一定的规律进行排序。

（1）按单个条件排序

当前表格中统计了各班级学生的成绩，下面通过排序可以快速查看最高分数。

① 将光标定位在"总分"列任意单元格中。

② 在"数据"→"排序和筛选"选项组中单击"降序"按钮，如图 3-76 所示。可以看到表格中的数据按总分从大到小自动排列，如图 3-77 所示。

文件 开始 插入 页面布局 公式 数据 审阅 视图
降序
将所选内容排序，使最大值位于列的顶端。
有关详细帮助，请按 F1。
姓名 班级 总分

图 3-76　单击"降序"按钮

③ 将光标定位在"总分"列任意单元格中，在"数据"菜单下的"排序和筛选"选项组中单击"升序"按钮。可以看到表格中数据按总分从小到大自动排列，如图 3-78 所示。

（2）按多个条件排序

双关键字排序用于当按第 1 个关键字排序出现重复记录时，再按第 2 个关键字排序的情况。例如在本例中，可以先按"班级"进行排序，然后再根据"总分"进行排序，从而方便查看同一班级中的分数排序情况。

图 3-77　降序排序结果　　　　　　　　图 3-78　升序排序结果

① 选中表格编辑区域任意单元格，在"数据"→"排序和筛选"选项组中单击"排序"按钮，打开"排序"对话框。

② 在"主要关键字"下拉菜单中选择"班级"，在"次序"下拉菜单中可以选择"升序"或"降序"，如图 3-79 所示。

③ 单击"添加条件"按钮，在列表中添加"次要关键字"，如图 3-80 所示。

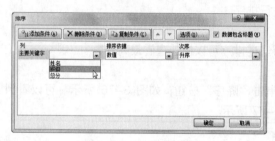

图 3-79　设置主要关键字　　　　　　　图 3-80　添加"次要关键字"

④ 在"次要关键字"下拉菜单中选择"总分"，在"次序"下拉菜单中选择"降序"，如图 3-81 所示。

⑤ 设置完成后，单击"确定"按钮可以看到表格中首先按"班级"升序排序，对于同一班级的记录，又按"总分"降序排序，如图 3-82 所示。

图 3-81　设置次要关键字　　　　　　　图 3-82　排序结果

2. 数据筛选

数据筛选常用于对数据库的分析。通过设置筛选条件，可以快速查看数据库中满足特定条件的记录。

（1）自动筛选

添加自动筛选功能后，下面可以筛选出符合条件的数据。

① 选中表格编辑区域任意单元格，在“数据”→“排序和筛选”选项组中单击“筛选”按钮，则可以在表格所有列标识上添加筛选下拉按钮，如图 3-83 所示。

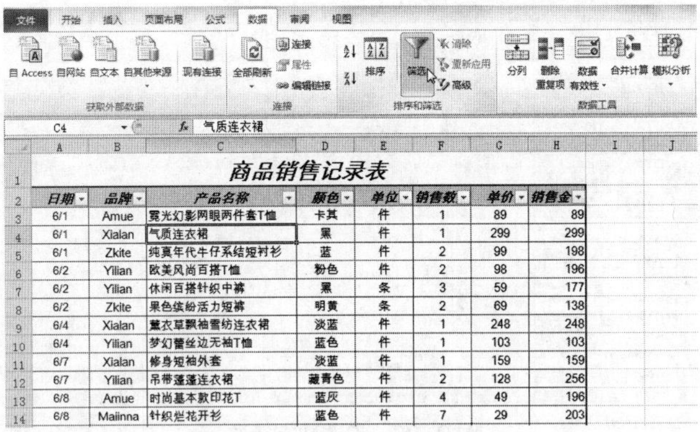

商品销售记录表

日期	品牌	产品名称	颜色	单位	销售数	单价	销售金
6/1	Amue	霓光幻影网眼两件套T恤	卡其	件	1	89	89
6/1	Xialan	气质连衣裙	黑	件	1	299	299
6/1	Zkite	纯真年代牛仔系结短衬衫	蓝	件	2	99	198
6/2	Yilian	欧美风尚百搭T恤	粉色	件	2	98	196
6/2	Yilian	休闲百搭针织中裤	黑	条	3	59	177
6/2	Zkite	果色缤纷活力短裤	明黄	条	2	69	138
6/4	Xialan	薰衣草飘袖雪纺连衣裙	淡蓝	件	1	248	248
6/4	Yilian	梦幻蕾丝边无袖T恤	蓝色	件	1	103	103
6/7	Xialan	修身短袖外套	淡蓝	件	1	159	159
6/7	Yilian	吊带蓬蓬连衣裙	藏青色	件	2	128	256
6/8	Amue	时尚基本款印花T	蓝灰	件	4	49	196
6/8	Malnna	针织烂花开衫	蓝色	件	7	29	203

图 3-83　添加筛选下拉按钮

② 单击要进行筛选的字段右侧的▾按钮，如此处单击“品牌”标识右侧的▾按钮，可以看到下拉菜单中显示了所有品牌。

③ 取消“全选”复选框，选中要查看的某个品牌，此处选中“Chunji”，如图 3-84 所示。

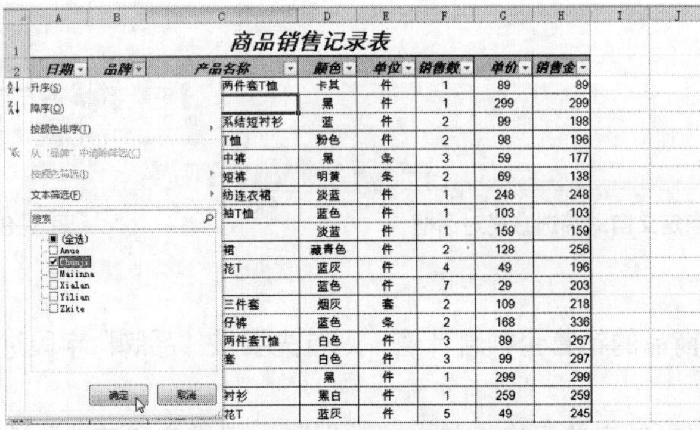

图 3-84　选中“Chunji”品牌

④ 单击“确定”按钮即可筛选出这一品牌商品的所有销售记录，如图 3-85 所示。

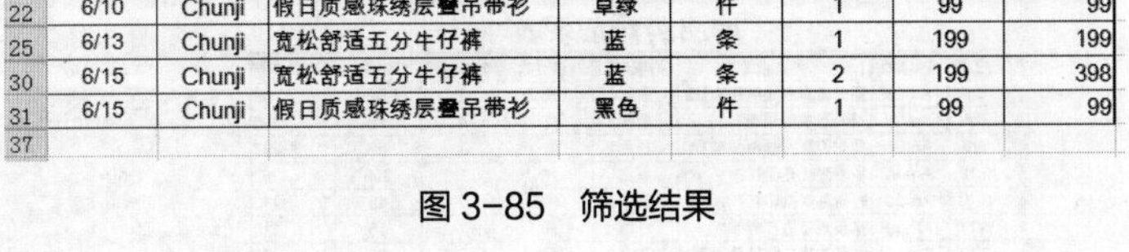

商品销售记录表

日期	品牌	产品名称	颜色	单位	销售数	单价	销售金
6/10	Chunji	假日质感珠绣层叠吊带衫	草绿	件	1	99	99
6/13	Chunji	宽松舒适五分牛仔裤	蓝	条	1	199	199
6/15	Chunji	宽松舒适五分牛仔裤	蓝	条	2	199	398
6/15	Chunji	假日质感珠绣层叠吊带衫	黑色	件	1	99	99

图 3-85　筛选结果

（2）筛选单笔销售金额大于 5 000 元的记录

在销售数据表中一般会包含很多条记录，如果只想查看单笔销售金额大于 5 000 元的记录，可以直接将这些记录筛选出来。

① 在"数据"→"排序和筛选"选项组中单击"筛选"按钮，添加自动筛选。

② 单击"金额"列标识右侧下拉按钮，在下拉菜单中选择"数字筛选"→"大于"，如图 3-86 所示。

图 3-86　设置数字筛选

③ 在打开的对话框中设置条件为"大于"→"5 000"，如图 3-87 所示。

④ 单击"确定"按钮，即可筛选出满足条件的记录，如图 3-88 所示。

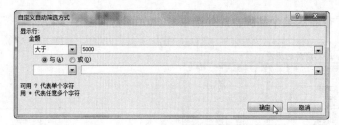

图 3-87　自定义自动筛选方式对话框

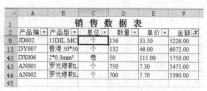

图 3-88　筛选结果

3. 分类汇总

要统计出各个品牌商品的销售金额合计值，则首先要按"品牌"字段进行排序，然后进行分类汇总设置。

① 选中"品牌"列中任意单元格。单击"数据"→"排序和筛选"选项组中的"升序"按钮进行排序，如图 3-89 所示。

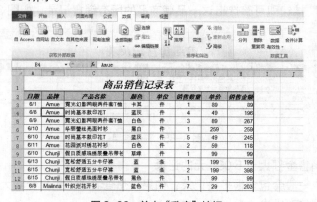

图 3-89　单击"升序"按钮

② 在"数据"→"分级显示"选项组中单击"分类汇总"按钮（见图 3-90），打开"分类汇总"对话框。

图 3-90　单击"分类汇总"按钮

③ 在"分类字段"下拉菜单中选中"品牌"选项；在"选定汇总项"列表框中选中"销售金额"复选框，如图 3-91 所示。

④ 设置完成后，单击"确定"按钮，即可将表格中以"品牌"排序后的销售记录进行分类汇总，并显示分类汇总后的结果（汇总项为"销售金额"），如图 3-92 所示。

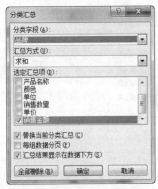

图 3-91　"分类汇总"对话框　　　　　　图 3-92　分类汇总结果

实训九　图表操作

一、实训目的

在表格中输入数据后，可以使用图表显示数据特征，通过本实训的学习来掌握 Excel 2010 的创建图表和编辑图表的方法。

二、实训内容

1. 创建图表

下面通过创建柱形图来比较各月份各品牌销售利润，具体操作步骤如下。

① 选中 A2:G9 单元格区域，切换到"插入"→"图表"选项组，单击"柱形图"按钮打开下拉菜单，如图 3-93 所示。

② 单击"簇状柱形图"子图表类型，即可新建图表，如图 3-94 所示。图表一方面可以显示各个月份的销售利润，另一方面也可以对各个月份中不同品牌产品的利润进行比较。

2. 添加标题

图表标题用于表达图表反映的主题。有些图表默认不包含标题框，此时需要添加标题框并输入图表标题；或者有的图表默认包含标题框，但需要重新输入标题文字才能表达图表主题。

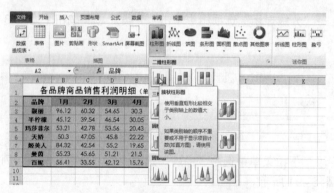

图3-93 "簇状柱形图"子图表类型

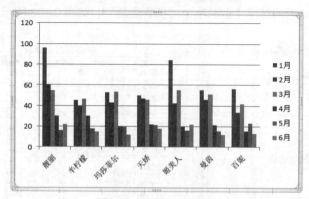

图3-94 创建柱形图效果

① 选中默认建立的图表，切换到"图表工具"→"布局"菜单，单击"图表标题"按钮展开下拉菜单，如图3-95所示。

② 单击"图表上方"命令选项，图表中则会显示"图表标题"编辑框（见图3-96），在标题框中输入标题文字即可。

图3-95 "图表标题"下拉菜单

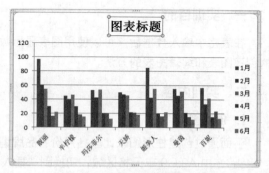

图3-96 显示"图表标题"编辑框

3．添加坐标轴标题

坐标轴标题用于对当前图表中的水平轴与垂直轴表达的内容做出说明。默认情况下不含坐标轴标题，如需使用需要再添加，具体操作步骤如下。

① 选中图表，切换到"图表工具"→"布局"菜单，单击"坐标轴标题"按钮。根据实际需要选择添加的标题类型，此处选择"主要纵坐标轴标题"→"竖排标题"，如图3-97所示。

② 图表中则会添加"坐标轴标题"编辑框（见图 3-98），在编辑框中输入标题名称。

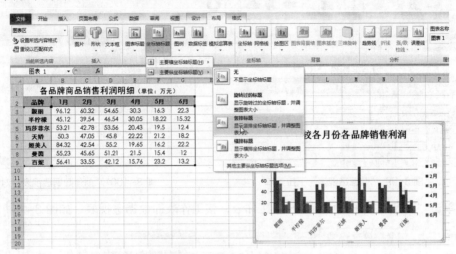

图 3-97 "坐标轴标题"下拉菜单

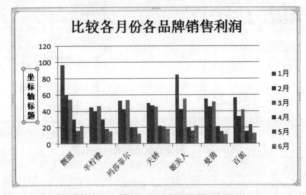

图 3-98 添加"坐标轴标题"编辑框

实训十　数据透视表操作

一、实训目的

数据透视表是表格数据分析过程中一个必不可少的工具。通过本实训的学习来掌握 Excel 2010 数据透视表的基本操作。

二、实训内容

1. 创建数据透视表

数据透视表是基于已经建立好的数据表而建立的，具体操作步骤如下。

① 打开数据表，选中数据表中任意单元格。切换到"插入"选项卡，选择"数据透视表"→"数据透视表"命令，如图 3-99 所示。

② 打开"创建数据透视表"对话框，在"选择一个表或区域"框中显示了当前要建立为数据透视表的数据源（默认情况下将整张数据表作为建立数据透视表的数据源），如图 3-100 所示。

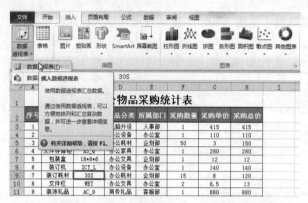

图 3-99 "数据透视表"下拉菜单

图 3-100 "创建数据透视表"对话框

③ 单击"确定"按钮即可新建一张工作表，该工作表即数据透视表，如图 3-101 所示。

图 3-101 创建数据透视表后的结果

2. 更改数据源

在创建了数据透视表后，如果需要重新更改数据源，不需要重新建立数据透视表，直接在当前数据透视表中重新更改数据源即可，具体操作步骤如下。

① 选中当前数据透视表，切换到"数据透视表工具"→"选项"菜单下，单击"更改数据源"按钮，在下拉菜单中单击"更改数据源"命令，如图 3-102 所示。

② 打开"更改数据透视表数据源"对话框，单击"选择一个表或区域"右侧的 按钮，回到工作表中重新选择数据源即可，如图 3-103 所示。

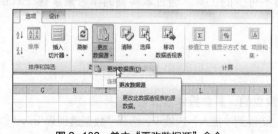

图 3-102 单击"更改数据源"命令

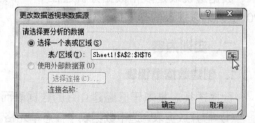

图 3-103 "更改数据透视表数据源"对话框

3. 添加字段

默认建立的数据透视表只是一个框架，要得到相应的分析数据，则要根据实际需要合理地设置字段。不同的字段布局其统计结果各不相同，因此首先要学会如何根据统计目的设置字段。例如，要统计不同类别物品的采购总金额，具体操作步骤如下。

① 建立数据透视表并选中后，窗口右侧可出现"数据透视表字段列表"任务窗格。在字段列表中选中"物品分类"字段，按住鼠标将字段拖至下面的"行标签"框中释放鼠标，即可将"物品分类"字段设置为行标签，如图 3-104 所示。

图 3-104　设置行标签后的效果

② 按相同的方法添加"采购总额"字段到"数值"列表中，此时可以看到数据透视表中统计出了不同类别物品的采购总价，如图 3-105 所示。

图 3-105　添加数值后的效果

4．更改默认的汇总方式

当设置了某个字段为数值字段后，数据透视表会自动对数据字段中的值进行合并计算。其默认的计算方式为数据字段使用 SUM 函数（求和），文本的数据字段使用 COUNT 函数（求和）。如果想得到其他的计算结果，如求最大/最小值、求平均值等，则需要修改对数值字段中值的合并计算类型。

例如，当前数据透视表中的数值字段为"采购总价"且其默认汇总方式为求和，现在要将数值字段的汇总方式更改为求最大值，具体操作步骤如下。

① 在"数值"列表框中选中要更改其汇总方式的字段，打开下拉菜单，选择"值字段设置"命令，如图 3-106 所示。

② 打开"值字段设置"对话框。选择"值汇总方式"选项卡，在"计算类型"列表框中可以选择汇总方式，此处选择"最大值"，如图 3-107 所示。

③ 单击"确定"按钮，即可更改默认的求和汇总方式为求最大值，如图 3-108 所示。

图 3-106　选择"值字段设置"命令

图 3-107　"值字段设置"对话框

图 3-108　更改汇总方式后的效果

实训十一　表格安全设置

一、实训目的

通过本实训的学习来掌握表格安全设置，以提高数据安全性。

二、实训内容

1. 保护当前工作表

设置对工作表保护后，工作表中的内容为只读状态，无法进行更改，可以通过下面操作来实现。

① 切换到要保护的工作表中，在"审阅"→"更改"选项组中单击"保护工作表"按钮（见图 3-109），打开"保护工作表"对话框。

图 3-109　单击"保护工作表"按钮

② 在"取消工作表保护时使用的密码"文本框中，输入工作表保护密码，如图 3-110 所示。

③ 单击"确定"按钮,提示输入确认密码,如图 3-111 所示。

图 3-110 "保护工作表"对话框

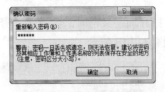

图 3-111 输入确认密码

④ 设置完成后,单击"确定"按钮。当再次打开该工作表时,即提示文档已被保护,无法修改,如图 3-112 所示。

图 3-112 提示对话框

2. 保护工作簿的结构不被更改

① 在"审阅"→"更改"选项组中单击"保护工作簿"按钮,如图 3-113 所示。

② 打开"保护结构和窗口"对话框,选中"结构"和"窗口"复选框,在"密码"文本框中输入密码,如图 3-114 所示。

图 3-113 单击"保护工作簿"按钮

图 3-114 "保护结构和窗口"对话框

③ 单击"确定"按钮,接着在打开的"确认密码"对话框中重新输入一遍密码,单击"确定"按钮,如图 3-115 所示。

④ 保存工作簿,即可完成设置。

3. 加密工作簿

如果不希望他人打开某工作簿,可以对该工作簿进行加密。设置后,只有输入正确的密码才能打开工作簿。

① 工作簿编辑完成后,单击"文件"→"信息"命令,在右侧单击"保护工作簿"下拉按钮,在下拉菜单中选择"用密码进行加密"选项。

② 打开"加密文档"对话框,在"密码"文本框中输入密码,单击"确定"按钮,如图 3-116 所示。

③ 在打开的"确认密码"对话框中重新输入一遍密码,单击"确定"按钮,如图 3-117 所示。

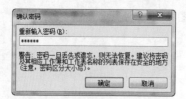

图 3-115　"确认密码"对话框

图 3-116　"加密文档"对话框

当再次打开加密文档时，会弹出"密码"对话框，输入正确密码，单击"确定"按钮即可打开该文档，如图 3-118 所示。

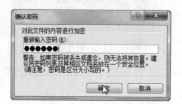

图 3-117　"确认密码"对话框

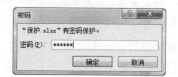

图 3-118　"密码"对话框

实训十二　表格打印

一、实训目的

通过本实训的学习来掌握 Excel 2010 表格打印的设置。

二、实训内容

1. 设置页面

表格默认的打印方向是纵向的，如果当前表格较宽，纵向打印时不能完全显示出来，此时则可以设置纸张方向为"横向"，具体操作步骤如下。

① 切换到需要打印的表格中，在"页面布局"→"页面设置"选项组中单击"纸张方向"按钮，从打开的下拉菜单中选择"横向"，如图 3-119 所示。

图 3-119　设置纸张方向

② 选择"文件"→"打印"命令，即可在右侧显示出打印预览效果，如图 3-120 所示（横向打印效果）。

③ 如果当前要使用的打印纸张不是默认的 A4 纸，则需要在"页面设置"选项组中单击"纸张大小"按钮，从打开的下拉菜单中选择当前使用的纸张规格，如图 3-121 所示。

图 3-120　横向打印效果

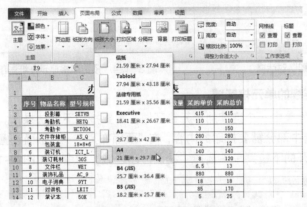

图 3-121　设置纸张大小

2. 让打印内容居中显示

如果表格的内容比较少，默认情况下将显示在页面的左上角（见图 3-122），此时一般要将表格打印在纸张的正中间才比较美观，具体操作步骤如下。

图 3-122　默认表格打印内容显示在页面的左上角

① 在打印预览状态下单击"页面设置"选项，打开"页面设置"对话框。

② 切换到"页边距"选项卡，同时选中"居中方式"栏中的"水平"和"垂直"两个复选框，如图 3-123 所示。

③ 单击"确定"按钮，可以看到预览效果中表格显示在纸张正中间，如图 3-124 所示。

④ 在预览状态下调整完毕后单击"打印"按钮即可。

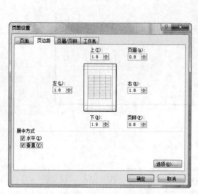

图 3-123　"页面设置"对话框

图 3-124　预览表格显示在纸张正中间的效果

3. 只打印一个连续的单元格区域

如果只想打印工作表中一个连续的单元格区域，需要按如下方法操作。

① 在工作表中选中部分需要打印的内容，在"页面布局"→"页面设置"选项组中单击"打印区域"按钮，在打开的下拉菜单中选择"设置打印区域"命令，如图 3-125 所示。

图 3-125　设置打印区域

② 此时，就建立了一个打印区域，单击"文件"→"打印"命令，进入打印预览状态，可以看到当前工作表中只有这个打印区域的内容将会被打印（见图 3-126），其他内容不打印。

4. 设置打印份数或打印指定页

在执行打印前可以根据需要设置打印份数，并且如果工作表包含多页内容，也可以设置只打印指定的页。

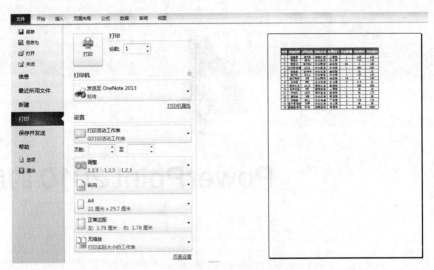

图 3-126　打印预览

① 切换到要打印的工作表中，选择"文件"→"打印"命令，即可展开打印设置选项。

② 在左侧的"份数"文本框中可以填写需要打印的份数；在"设置"栏的"页数"文本框中输入要打印的页码或页码范围，如图 3-127 所示。

③ 设置完成后，单击"打印"按钮，即可开始打印。

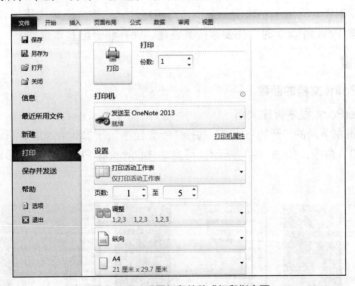

图 3-127　设置打印份数或打印指定页

第 4 章
PowerPoint 2010 的应用

实训一 PowerPoint 2010 文档的创建、保存和退出

一、实训目的

PowerPoint 2010 专门用于制作演示文稿,即幻灯片,它被广泛地应用于各种会议、教学和产品演示。在初学 PowerPoint 时,先要掌握其创建、保存和退出基本操作。

二、实训内容

1. PowerPoint 文档的新建

(1)用 PowerPoint 程序新建文档

在桌面上单击左下角的"开始"按钮,选择"所有程序"→"Microsoft Office"→"Microsoft PowerPoint 2010"命令,如图 4-1 所示,可启动 Microsoft PowerPoint 2010 主程序,打开 PowerPoint 文档。

图 4-1 新建空白演示文稿

（2）使用样本模板创建新演示文稿

如果已经打开了 PowerPoint 程序，可以在 Backstage 视窗根据内置样本新建演示文稿。

① 选择"文件"→"新建"命令，在右侧单击"样本模板"按钮，如图 4-2 所示。

② 打开样本模板，选择需要创建的样本，单击"创建"按钮即可，如图 4-3 所示。

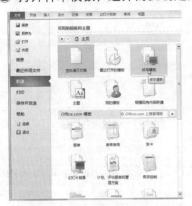

图 4-2　单击"样本模板"按钮

图 4-3　创建样本模板

（3）下载 Office Online 上的模板

① 选择"文件"→"新建"命令，在"Office.com 模板"区域单击"内容幻灯片"按钮，如图 4-4 所示。

② 在内容幻灯片下选择需要的模板，单击"下载"按钮，即可根据现有模板新建文稿，如图 4-5 所示。

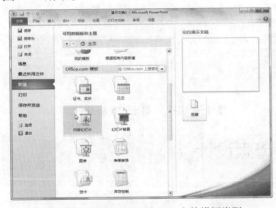

图 4-4　选择 Office Online 上的模板类型

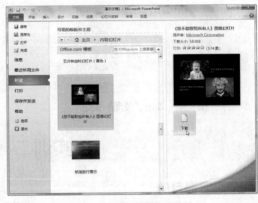

图 4-5　选择需要的模板

2. PowerPoint 文档的保存

① 选择"文件"→"另存为"命令，如图 4-6 所示。

② 打开"另存为"对话框，为文档设置保存路径和保存类型，单击"保存"按钮即可，如图 4-7 所示。

3. PowerPoint 文档的退出

（1）单击"关闭"按钮

打开 Microsoft PowerPoint 2010 程序后，单击程序右上角的"关闭"按钮 ✕ ，可快速退出主程序，如图 4-8 所示。

图 4-6　选择"另存为"选项

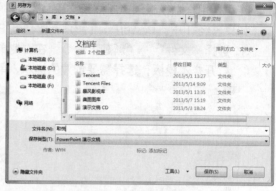

图 4-7　设置保存路径

（2）从 Backstage 视窗退出

打开 Microsoft PowerPoint 2010 程序后，选择"文件"→"退出"命令，即可关闭程序，如图 4-9 所示。

图 4-8　单击"关闭"按钮

图 4-9　使用"退出"命令

实训二　母版设计

一、实训目的

幻灯片母版是幻灯片层次结构中的顶层幻灯片，用于存储有关演示文稿的主题和幻灯片版式，它影响到整个演示文稿的外观，我们在制作演示文稿时，首先要掌握母版的设计。

二、实训内容

1. 快速应用内置主题

在幻灯片中，在"设计"→"主题"选项组中单击 按钮，在展开的下拉菜单中选择适合的主题，如图 4-10 所示。应用主题后的幻灯片效果如图，如图 4-11 所示。

2. 更改主题颜色

在"设计"→"主题"选项组中单击"颜色"下拉按钮，在其下拉菜单中选择适合的颜色。

选择适合的主题颜色后，即可更改主题颜色，如图 4-12 所示。

图 4-10 选择主题样式   图 4-11 应用主题

3. 插入、重命名幻灯片母版

（1）插入母版

① 在幻灯片母版视图中，选中要设置的文本，在"视图"→"母版视图"选项组中单击"幻灯片母版"按钮，进入幻灯片母版界面。

② 在"幻灯片母版"→"编辑母版"选项组中单击"插入幻灯片母版"按钮，如图 4-13 所示。插入幻灯片母版之后，具体效果如图 4-14 所示。

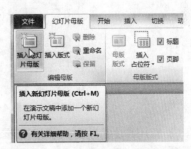

图 4-12 更改主题颜色   图 4-13 单击"插入幻灯片母版"按钮

（2）重命名母版

① 在"幻灯片母版"→"编辑母版"选项组中单击"重命名"按钮，如图 4-15 所示。

② 打开"重命名版式"对话框，在"版式名称"文本框中输入名称，单击"重命名"按钮即可，如图 4-16 所示。

4. 修改母版版式

① 在"幻灯片母版"→"母版版式"选项组中单击"插入占位符"下拉按钮，在下拉菜单中选择"图片"命令，如图 4-17 所示。

② 在母版中绘制，即可看到文稿中插入了图片占位符，如图 4-18 所示。

图 4-14　插入母版

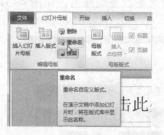

图 4-15　单击"重命名"按钮

图 4-16　重命名母版

图 4-17　选择要插入的占位符

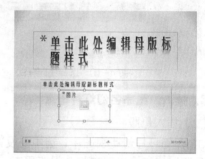

图 4-18　插入图片占位符

5. 设置母版背景

① 在"幻灯片母版"→"背景"选项组中单击"背景样式"下拉按钮，在下拉菜单中选择"设置背景格式"命令，如图 4-19 所示。

图 4-19　选择"设置背景格式"命令

② 打开"设置背景格式"对话框，在"填充"栏设置渐变填充效果，如图 4-20 所示。

③ 单击"确定"按钮，返回幻灯片母版中，即可看到设置后的效果，如图 4-21 所示。

图 4-20　设置渐变样式

图 4-21　应用设置好的背景格式

实训三　文本的编辑与美化

一、实训目的

在 PowerPoint 2010 中，文本内容都是在文本框中输入与编辑的。作为初级用户，需要掌握 PowerPoint 文本编辑和美化的基本操作。

二、实训内容

1. 添加艺术字

在"插入"→"文本"选项组中单击"艺术字"下拉按钮，在下拉菜单中选择一种适合的艺术字样式，如图 4-22 所示。

此时系统会在幻灯片中添加一个艺术字的文本框，在文本框中输入的文字会自动套用艺术字样式，效果如图 4-23 所示。

图 4-22　选择艺术字样式

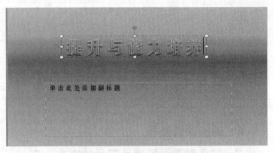

图 4-23　添加艺术字

2. 设置字符间距

① 选择需要设置间距的文本，在"开始"→"字体"选项组中单击"字符"下拉按钮，在下拉菜单中选择"其他间距"命令，如图 4-24 所示。

② 打开"字体"对话框，在"间距"下拉菜单中选择"加宽"，接着在"度量值"文本框中输入"10"，单击"确定"按钮，即可调整字符间距，如图 4-25 所示。

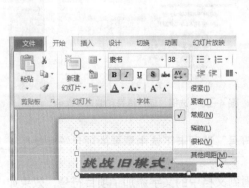

图 4-24　选择"其他间距"命令

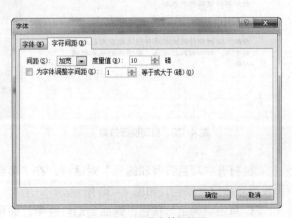

图 4-25　设置字符间距

3. 设置文本框内容自动换行

① 选中文本框，在"开始"→"段落"选项组中单击"文字方向"下拉按钮，在下拉菜单中选择"其他选项"命令，如图 4-26 所示。

② 打开"设置文本效果格式"对话框，在"文本框"栏下勾选"形状中的文字自动换行"复选框，如图 4-27 所示。

图 4-26　选择"其他选项"命令

图 4-27　设置文字自动换行

③ 单击"确定"按钮，返回幻灯片中，即可看到文档中的文字已自动换行，效果如图 4-28 所示。

4. 添加项目符号

① 选择需要添加项目符号的文本，在"开始"→"段落"选项组中单击"项目符号"下拉按钮，在下拉菜单中选择"项目符号和编号"命令，如图 4-29 所示。

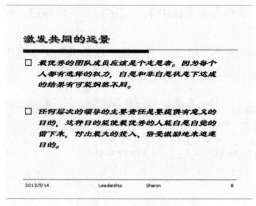

图 4-28　自动换行效果

图 4-29　选择"项目符号和编号"命令

② 打开"项目符号和编号"对话框，在"项目符号"选项卡下选中需要的项目符号类型，并设置项目符号颜色，如图 4-30 所示。

③ 单击"确定"按钮，返回到幻灯片中，即可看到文档中的文字添加了项目符号，效果如图 4-31 所示。

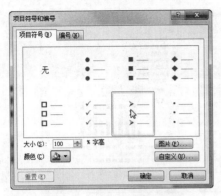

图 4-30 设置项目符号样式

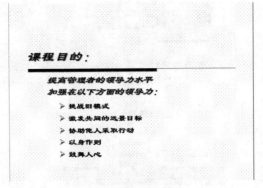

图 4-31 添加项目符号

实训四 形状和图片的应用

一、实训目的

在 PowerPoint 中,形状和图片是提升视觉传达力的一个重要元素,可以使幻灯片更加美观,因此,读者必须掌握幻灯片中的形状和图片的应用。

二、实训内容

1. 图形的操作技巧

(1)插入形状

① 在"插入"→"插图"选项组中单击"形状"下拉按钮,在下拉菜单中选择合适的形状,如选择"基本形状"下的"心形",如图 4-32 所示。

② 拖曳鼠标画出合适的形状大小,完成形状的插入,如图 4-33 所示。

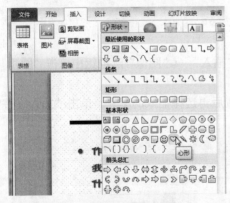

图 4-32 选择形状样式

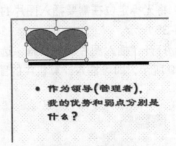

图 4-33 绘制形状

(2)设置形状填充颜色

① 选中形状,单击鼠标右键在弹出的快捷菜单中选择"设置形状格式"命令,如图 4-34 所示。

② 打开"设置形状格式"对话框,单击"颜色"右侧下拉按钮,在下拉菜单中选择适合的颜色,如图 4-35 所示。单击"确定"按钮,即可更改形状的填充颜色。

图 4-34　选择"设置形状格式"命令

图 4-35　选择填充颜色

（3）在形状中添加文字

① 选中形状，单击鼠标右键在弹出的快捷菜单中选择"编辑文字"命令，如图 4-36 所示。

② 此时系统在形状中添加光标，输入文字即可，在"字体"选项组中设置文字格式，设置完成后的效果如图 4-37 所示。

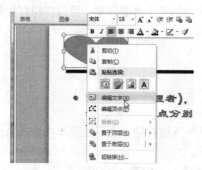

图 4-36　选择"编辑文字"命令

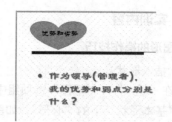

图 4-37　添加文字后效果

2. 图片的操作技巧

（1）插入计算机中的图片

① 将光标定位在需要插入图片的位置，在"插入"→"图像"选项组中单击"图片"按钮，如图 4-38 所示。

② 打开"插入图片"对话框，选择图片位置后再选择插入的图片，单击"插入"按钮，如图 4-39 所示，即可插入计算机中的图片。

图 4-38　选择"图片"按钮

图 4-39　找到图片保存位置

（2）图片位置和大小调整

① 插入图片后选中图片，当鼠标指针变为 形状时，拖曳鼠标即可移动图片，如图 4-40 所示。

② 将鼠标定位到图片控制点上，当鼠标指针变为 形状时，拖曳鼠标即可更改图片大小，如图 4-41 所示。

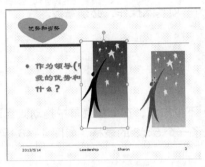

图 4-40　移动图片

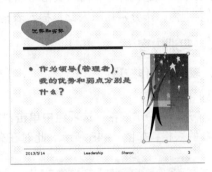

图 4-41　更改图片大小

（3）更改图片颜色

在"图片工具"→"格式"→"调整"选项组中单击"颜色"下拉按钮，在下拉菜单中选择"冲蚀"。此时即可重新设置图片颜色，效果如图 4-42 所示。

（4）设置图片格式

① 在"图片工具"→"格式"→"图片样式"选项组中单击 按钮，在下拉菜单中选择一种合适的样式，如"剪裁对角线，白色"样式，如图 4-43 所示。

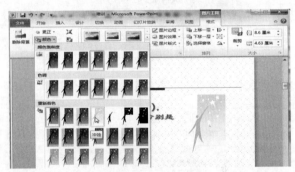

图 4-42　重新更改颜色

② 单击该样式即可将效果应用到图片中，完成外观样式的快速套用，效果如图 4-44 所示。

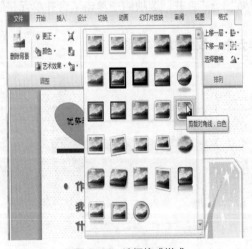

图 4-43　选择格式样式

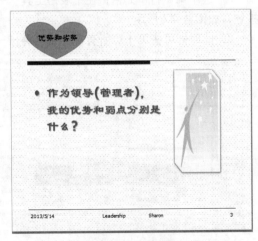

图 4-44　应用效果

实训五　表格和图表应用

一、实训目的

在演示文稿的制作中，插入表格可以直观形象地表现数据与内容，插入图表可以提升幻灯片的视觉表现力，十分常用。因此，插入表格和图表作为一项基本操作，必须掌握。

二、实训内容

1. 表格的操作技巧

（1）插入表格

在"开始"→"表格"选项组中单击"插入表格"下拉按钮，在下拉菜单中拖动鼠标选择一个 5×3 的表格，如图 4-45 所示。此时在文档中插入了一个 5×3 的表格，如图 4-46 所示。

图 4-45　选择表格行列数

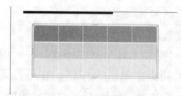

图 4-46　插入表格

（2）合并单元格

① 选中第 1 行单元格，在"表格工具"→"布局"→"合并"选项组中单击"合并单元格"按钮，如图 4-47 所示。

② 此时即可将第 1 行所有单元格合并成一个单元格，效果如图 4-48 所示。

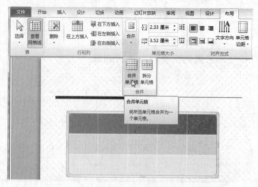

图 4-47　单击"合并单元格"按钮

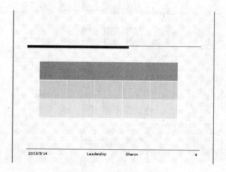

图 4-48　合并单元格

（3）套用表格样式

单击表格任意位置，在"表格工具"→"设计"→"表格样式"选项组中单击▾按钮，在下拉菜单中选择要套用的表格样式，如图 4-49 所示。选择套用的表格样式后，系统自动为表格应用选中的样式格式，效果如图 4-50 所示。

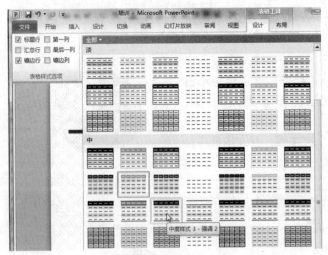

图 4-49　选择套用的样式　　　　　　　　　　　图 4-50　应用样式效果

2. 图表的操作技巧

（1）插入图表

① 在"插入"→"插图"选项组中单击"图表"按钮，如图 4-51 所示。

② 打开"插入图表"对话框，在左侧单击"饼图"选项，在右侧选择一种图表类型，如图 4-52 所示。

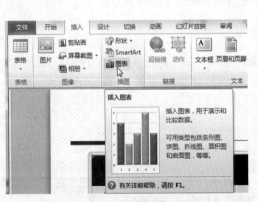

图 4-51　单击"图表"按钮

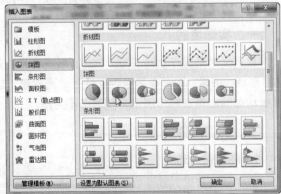

图 4-52　选择图表类型

③ 此时系统会弹出 Excel 表格，并在表格中显示了默认的数据，如图 4-53 所示。

④ 将需要创建表格的 Excel 数据复制到默认工作表中，如图 4-54 所示。

系统自动根据插入的数据源创建饼图，效果如图 4-55 所示。

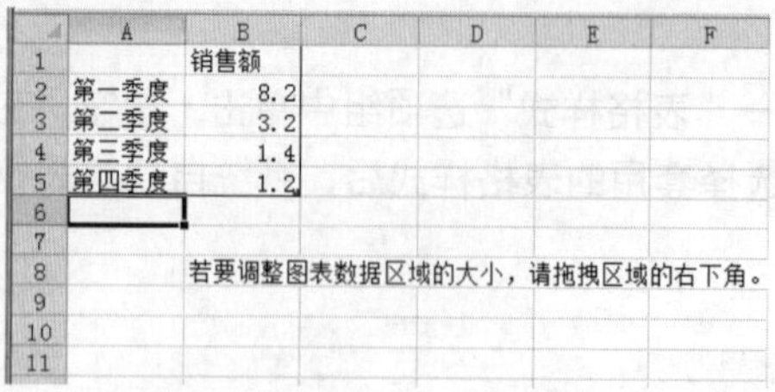

图 4-53　系统默认数据源

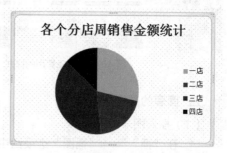

图 4-54　更改数据源

（2）添加标题

① 在"图表工具"→"布局"→"标签"选项组中单击"图表标题"下拉按钮，在下拉菜单中选择"图表上方"命令，如图 4-56 所示。

② 此时系统会在图表上方添加一个文本框，在文本框中输入图表标题即可，效果如图 4-57 所示。

图 4-55　创建饼图

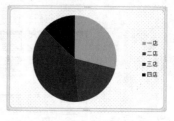

图 4-56　选择标题样式

图 4-57　插入标题

实训六　动画的应用

一、实训目的

自定义动画是 PowerPoint 2010 系统自带的动画效果，使用自定义动画能使幻灯片上的文本、形状、图像、图表或其他对象具有动画效果，这样就可以控制演示的流程，突出重点。因此，掌握动画的应用在制作演示文稿时必不可少。

二、实训内容

1. 创建进入动画

选中要设置进入动画效果的文字，在"动画"→"动画"选项组中单击 ￼ 按钮，在下拉菜单中的"进入"栏下选择进入动画，如"跳转式由远及近"，如图 4-58 所示。

添加动画效果后，文字对象前面将显示动画编号 ￼ 标记，如图 4-59 所示。

2. 创建强调动画

选中要设置强调动画效果的文字，在"动画"→"动画"选项组中单击 ￼ 按钮，在下拉菜单中的"强调"栏下选择进入动画，如"补色"，如图 4-60 所示。

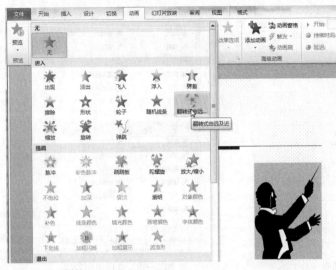

图 4-58　选择"进入"动画　　　　　图 4-59　应用动画显示 1

在预览时，可以看到文字颜色发生变化，效果如图 4-61 所示。

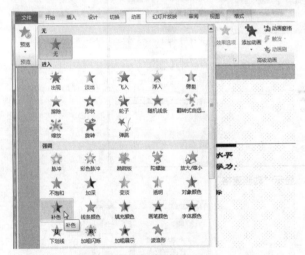

图 4-60　选择"强调"动画　　　　　图 4-61　动画应用效果

3. 创建退出动画

① 选中要设置强调动画效果的文字，在"动画"→"动画"选项组中单击 ⊡ 按钮，在下拉菜单中选择"更多退出效果"命令，如图 4-62 所示。

② 打开"更改退出效果"对话框，选中需要设置的退出效果，如图 4-63 所示。

③ 单击"确定"按钮，即可完成设置。

4. 调整动画顺序

① 在"动画"→"高级动画"选项组中单击"动画窗格"按钮，在窗口右侧打开动画窗格，如图 4-64 所示。

② 选中动画 3，单击 ▲按钮，如图 4-65 所示。

③ 此时即可看到动画 3 向上调整为动画 2，如图 4-66 所示。

图 4-62　选择"更多退出效果"命令

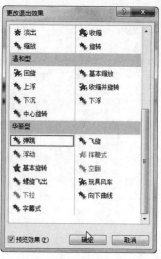

图 4-63　选择退出效果

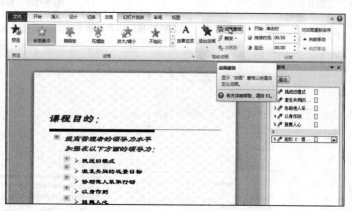

图 4-64　显示"动画窗格"

图 4-65　向上移动动画

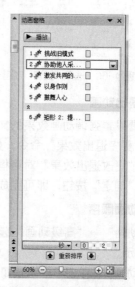

图 4-66　移动后效果

5. 设置动画时间

① 在"动画"→"计时"选项组中单击"开始"文本框右侧下拉按钮，在下拉菜单中选择动画所需计时，如图 4-67 所示。

② 在"动画"→"计时"选项组中单击"持续时间"文本框右侧微调按钮，即可调整动画需要运行的时间，如图 4-68 所示。

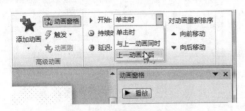

图 4-67　设置动画开始时间

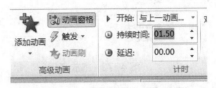

图 4-68　设置动画播放时间

实训七　音频和 Flash 动画的处理

一、实训目的

在演示文稿中插入音频和 Flash 动画可以为演示文稿添加声音和视频，在放映时为幻灯片锦上添花。音频和 Flash 动画是演示文稿的高级操作，在学习制作演示文稿时，也是需要读者掌握的。

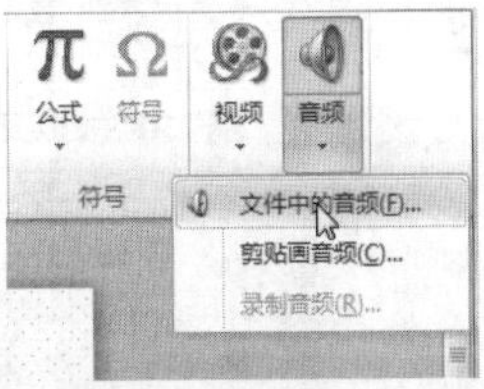

二、实训内容

1. 插入音频

① 在"插入"→"媒体"选项组中单击"音频"下拉按钮，在其下拉菜单中选择"文件中的音频"命令，如图 4-69 所示。

图 4-69　选择插入音频样式

② 在打开的"插入音频"对话框中选择合适的音频，如图 4-70 所示。

③ 单击"插入"按钮，即可在幻灯片中插入音频，如图 4-71 所示。

图 4-70　选择音频

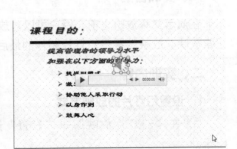

图 4-71　插入音频

2. 播放音频

在幻灯片中单击"播放/暂停"按钮，即可播放音频或暂停，如图 4-72 所示。

在"音频工具"→"播放"→"预览"选项组中单击"播放"按钮，也可播放音频，如图 4-73 所示。

图 4-72 播放音频

图 4-73 播放音频

3. 插入 Flash 动画

① 在"插入"→"媒体"选项组中单击"视频"下拉按钮，在其下拉菜单中选择"来自网站的视频"命令，如图 4-74 所示。

② 打开"从网站插入视频"对话框，在文本框中复制 Flash 动画所在 html 地址，如图 4-75 所示。

图 4-74 选择插入视频来源

图 4-75 粘贴 Flash 动画

③ 单击"插入"按钮，即可在幻灯片中插入 Flash 动画。

实训八 PowerPoint 的放映设置

一、实训目的

在演示文稿放映之前，用户可以对放映方式进行设置，还可以排练放映时间，确保幻灯片的正常放映。放映设置是幻灯片制作的最后一步，虽然不是重点内容，但也需要掌握。

二、实训内容

1. 设置幻灯片的放映方式

① 在"幻灯片放映"→"设置"选项组中单击"设置幻灯片放映"按钮，如图 4-76 所示。

② 打开"设置放映方式"对话框，在"放映类型"栏选中"观众自行浏览"单选钮，如图 4-77 所示。

③ 单击"确定"按钮，即可更改幻灯片的放映类型。

图 4-76　单击"设置幻灯片放映"按钮

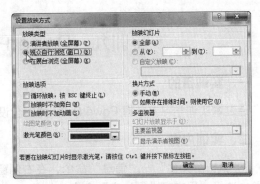

图 4-77　选择放映方式

2. 设置放映的时间

① 在"幻灯片放映"→"设置"选项组中单击"排练计时"按钮，如图 4-78 所示。随即幻灯片进行全屏放映，在其左上角会出现"录制"对话框，如图 4-79 所示。

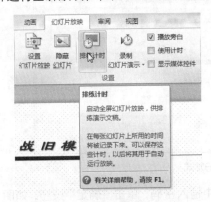

图 4-78　单击"排练计时"按钮

图 4-79　排练计时

② 录制结束后弹出"Microsoft PowerPoint"对话框，单击"确定"按钮即可，如图 4-80 所示。

3. 放映幻灯片

① 在"幻灯片放映"→"开始放映幻灯片"选项组中单击"从头开始"按钮，如图 4-81 所示，即可从头开始放映。

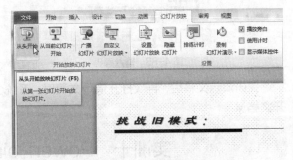

图 4-80　提示计时时间

图 4-81　放映幻灯片

② 在"幻灯片放映"→"开始放映幻灯片"选项组中单击"从当前幻灯片开始"按钮，即可从当前所在幻灯片开始放映。

实训九　PowerPoint 的安全设置

一、实训目的

通过本实训学习来掌握 PowerPoint 的安全设置。

二、实训内容

① 单击"文件"→"信息"命令，在右侧窗格单击"保护演示文稿"下拉按钮，在其下拉菜单中选择"用密码进行加密"命令，如图 4-82 所示。

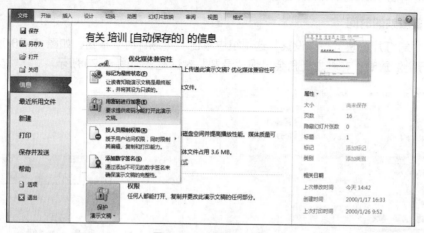

图 4-82　选择保护方式

② 打开"加密文档"对话框，在"密码"文本框中输入密码，单击"确定"按钮，如图 4-83 所示。

③ 打开"确认密码"对话框，在"重新输入密码"文本框中再次输入设置的密码，单击"确定"按钮，如图 4-84 所示。

图 4-83　输入密码

图 4-84　确认密码

关闭演示文稿后，再次打开演示文稿时，系统会提示先输入密码，如果密码不正确则不能打开文档。

实训十　PowerPoint 的输出与发布

一、实训目的

通过本实训的学习来掌握 PowerPoint 的输出与发布功能。

二、实训内容

1. 输出为 JPGE 图片

① 单击"文件"→"另存为"命令，打开"另存为"对话框，设置文件名和保存位置，单击"保存类型"下拉按钮，在下拉菜单中选择"JPGE 文件交换格式"，如图 4-85 所示。

② 单击"保存"按钮，即可将文件保存为 JPGE 格式，保存后的效果如图 4-86 所示。

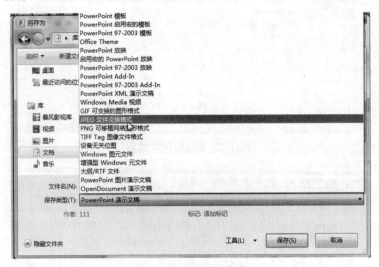

图 4-85　选择保存方式

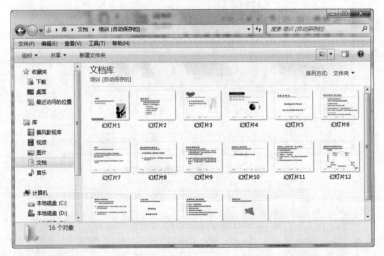

图 4-86　保存为 JPGE 交换格式

2. 发布为 PDF 文档

① 单击"文件"→"保存并发送"命令，接着单击"创建 PDF/XPS 文档"按钮，在最右侧单击"创建 PDF/XPS"按钮，如图 4-87 所示。

② 打开"发布为 PDF 或 XPS"对话框，设置演示文稿的保存名称和路径，如图 4-88 所示。

③ 单击"发布"按钮，即可将演示文稿输出为 PDF 格式，效果如图 4-89 所示。

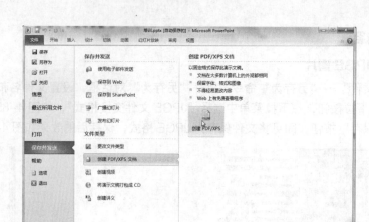

图 4-87　发布为 PDF 文档

图 4-88　设置发布路径和名称

图 4-89　使用 PDF 文档打开

Chapter 5

第 5 章
计算机网络基础与 Internet 应用

实训一　创建家庭组与资源共享

一、实训目的

能熟练创建家庭组局域网，实现资源共享。

二、实训内容

1. 创建家庭组局域网

① 打开"控制面板"，选择"网络和 Internet"选项，如图 5-1 所示。

② 打开"与运行 Windows 7 的其他家庭计算机共享"界面，单击"创建家庭组"按钮，如图 5-2 所示，就可以开始创建一个全新的家庭组网络了，即局域网。

图 5-1　控制面板

图 5-2　"与运行 Windows 7 的其他家庭计算机共享"界面

③ 打开"创建家庭组"窗口，系统默认共享的内容是图片、音乐、视频、文档和打印机 5 个选项，除了打印机以外，其他 4 个选项分别对应系统中默认存在的几个共享文件。在"选择您要共享的内容"栏中进行勾选，如图 5-3 所示，单击"下一步"按钮。

④ 此时会出现"使用此密码向您的家庭组添加其他计算机"界面，记住密码，单击"完成"

按钮，完成家庭组局域网的组建，如图 5-4 所示。

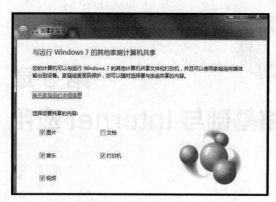

图 5-3　创建家庭组

图 5-4　完成创建家庭组

2. 资源共享操作步骤

（1）家庭组共享资源

① 打开"控制面板"，选择"网络和 Internet"选项。

② 选择"家庭组和共享"选项，打开"更改家庭组设置"界面，如图 5-5 所示。在"与设备共享媒体"栏下勾选"将我的图片、音乐和视频输出到我的家庭网络上的所有设备"复选框，然后单击"保存修改"按钮。

想让家庭组中的其他成员共享文件夹中的内容，就在"共享"选项下勾选"家庭组（读取）"即可；如果希望其他成员共享，同时也允许其他

图 5-5　"更改家庭组设置"界面

成员修改该文件夹下的内容，就在"共享"选项下勾选"家庭组（读取/写入）"，如图 5-6 所示。

（2）文件共享

用鼠标右键单击需要共享的文件夹，在弹出的快捷菜单中选择"属性"选项，打开"属性"对话框，选择"共享"选项卡，就可以对文件夹的共享选项进行修改了，包括共享对象和共享权限的设定，以及设置共享文件夹的密码保护功能，如图 5-7 所示。

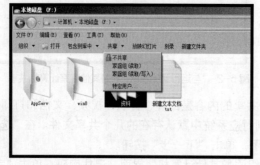

图 5-6　家庭组中的成员共享文件夹

图 5-7　共享"文件夹"

实训二　在 Windows 7 系统安装网络打印机

一、实训目的

理解网络硬件资源共享，掌握网络打印机的安装。

二、实训内容

1. 取消禁用 Guest 账户

因为其他人要访问安装有打印机的计算机时，是以 Guest 账户登录的，所以必须取消禁用 Guest 账户。

① 单击"开始"，在"计算机"上单击鼠标右键，在弹出的快捷菜单中选择"管理"命令，如图 5-8 所示。

② 在"计算机管理"窗口中找到"Guest"账户，如图 5-9 所示。

图 5-8　"管理"选项

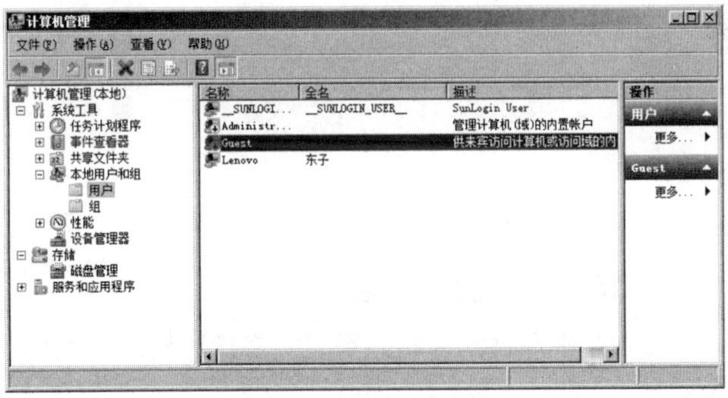

图 5-9　Guest 账户

③ 双击"Guest"，打开"Guest 属性"对话框，确保"账户已禁用"复选框没被选择，如图 5-10 所示。

2. 设置共享目标打印机

① 单击"开始"，选择"设备和打印机"选项，如图 5-11 所示。

图 5-10　"Guest 属性"对话框

图 5-11　选择"设备和打印机"

② 打开"设备和打印机"窗口，在其中找到想要共享的打印机（需确保打印机已经正确连接，驱动正确安装），用鼠标右键单击该打印机，在弹出的快捷菜单中选择"打印机属性"命令，如图 5-12 所示。

③ 切换到"共享"选项卡，勾选"共享这台打印机"复选框，并设置一个共享名，如图 5-13 所示，完成目标打印机的共享，共享打印机是安装网络打印机的前提。

图 5-12 "设备和打印机"窗口

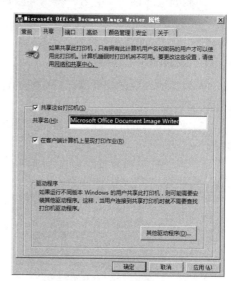

图 5-13 共享打印机

3. 在其他计算机上添加目标打印机

该操作是在局域网内其他需要共享打印机的计算机上进行的。添加方法有多种，现介绍一种常用的方法。

① 无论哪种方法都要进入"控制面板"，单击"设备和打印机"选项，如图 5-14 所示。

② 打开"设备和打印机"窗口，如图 5-15 所示。

③ 单击"添加打印机"按钮，打开"添加打印机"对话框，如图 5-16 所示。

图 5-14 控制面板

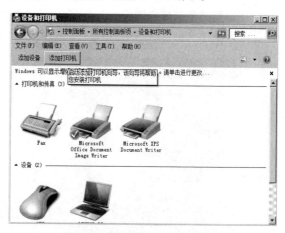

图 5-15 "设备和打印机"窗口

④ 选择"添加网络、无线或 Bluetooth 打印机"，单击"下一步"按钮。

⑤ 选中"按名称选择共享打印机"单选钮，在文本框中输入打印机连接的计算机 IP 地址（或者是计算机名）与打印机的名字，单击"下一步"按钮，如图 5-17 所示。

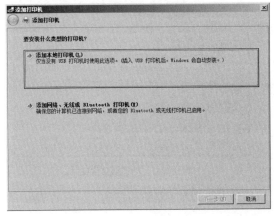 

图 5-16　"添加打印机"对话框　　　　图 5-17　选择"按名称选择共享打印机"选项

⑥ 在弹出的对话框中就可以看到共享的打印机，单击该打印机即可完成网络打印机的安装。

实训三　IE 浏览器的应用

一、实训目的

通过对 IE 浏览器的操作使用，掌握 IE 浏览器基本的使用方法，能应用 IE 浏览器熟练浏览网页和保存页面。掌握对 IE 浏览器属性参数进行设置，对 IE 浏览器的收藏夹等进行管理的方法。

二、实训内容

1. 启动 IE 浏览器

在地址栏内输入 URL 地址访问相关站点，如输入 http://www.scy.cn，访问"陕西财经职业技术学院"站点。若使用多个浏览器窗口同时浏览，在不同窗口的地址栏内输入不同的 URL 地址访问不同站点，如图 5-18 所示。

2. 利用浏览器查找最近访问过的 Web 页和站点

3. 使用与管理收藏夹

① 利用"收藏夹"菜单将 Web 页和站点添加到收藏夹中，如将 http://www.scy.cn（陕西财

图 5-18　多个浏览器窗口浏览不同站点

经职业技术学院网站网站首页）加入收藏夹。打开该站点，单击"收藏夹"菜单，选择"添加到收藏夹"命令，弹出"添加收藏"对话框，单击"添加"按钮，如图 5-19 所示。

② 管理收藏的 Web 页和站点，如在收藏夹中添加一个新文件夹，命名为"陕财职院"，在 Web 页单击"收藏夹"菜单，选择"整理收藏夹"命令，弹出"整理收藏夹"对话框，单击"新

建文件夹"按钮，为文件夹命名，如图 5-20 所示，就可以把图 5-19 中的网站添加到该文件夹中，实现分类管理。

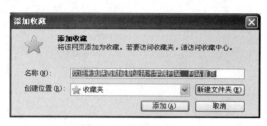

图 5-19　添加收藏

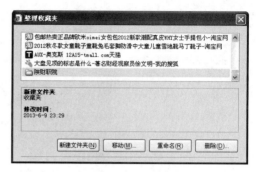

图 5-20　创建新文件夹

③ 当收藏夹中保存的网页和站点太多时，可以整理（重命名、删除和移动）收藏的 Web 页和站点。

4. 保存网页信息

① 保存整个页面，如将"陕西财经职业技术学院"主页保存在文件夹 C:/My Documents 中。单击"文件"菜单，选择"另存为"命令，如图 5-21 所示。在"保存网页"对话框的文件名栏输入文件名为"E1"，在"保存类型"中选择要保存的文件类型，如图 5-22 所示，单击"保存"按钮，完成网页的保存。

图 5-21　"文件"菜单的"另存为"命令

图 5-22　保存文件名与类型

② 保存页面中某个图片时，用鼠标右键单击该图片，在弹出的快捷菜单中选择"图片另存为"选项，打开"保存图片"对话框，在"文件名"栏输入相应的文件名，在"保存类型"栏选取 .bmp 或者 .jpeg（.jpg），在"保存在"栏选取保存位置（保存位置可以改变，通过"保存在"栏右侧的向下箭头来实现），单击"保存"按钮。

5. 浏览器的基本设置

① 设置起始页，如将浏览器的起始页设为"陕西财经职业技术学院"的主页。打开"陕西财经职业技术学院"主页"http://www.scy.cn"单击"工具"菜单，选择"Internet 选项"命令，在弹出的对话框中的"主页"栏下单击"使用当前页"按钮，如图 5-23 所示，单击"确定"按钮。

② 单击"浏览历史记录"栏下的"设置"按钮，指定历史记录中保存 Web 页的天数，如图 5-24 所示，设置保存天数为 20 天。

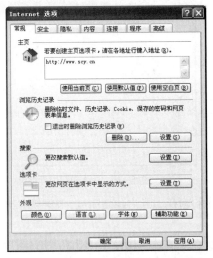

图 5-23　主页设置

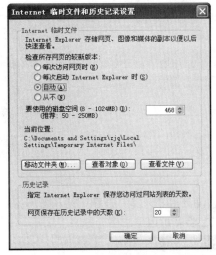

图 5-24　历史记录设置

③ 安全设置，在"Internet 选项"对话框中，单击"安全"选项卡，对不同的信息来源设置不同的安全等级和具体的安全等级内容。

④ Internet 高级设置，在"Internet 选项"对话框中，单击"高级"选项卡，进行多媒体功能设置（如显示图片、播放动画、播放视频等）和浏览功能设置（如为链接加下画线、显示友好的 URL、禁止脚本调试等）。

实训四　Outlook Express 邮件软件使用

一、实训目的

Outlook Express 是一个良好的邮件管理软件，可以组织和管理大量的邮件。通过本实训，读者应学会利用 Outlook Express 进行邮件管理，并掌握 Outlook Express 邮件软件的设置与熟练使用该软件发送和接收邮件。

二、实训内容

1. Outlook Express 邮件软件设置

（1）启动 Outlook Express

（2）设置邮件账号

① 单击"工具"菜单，选择"账户"命令，弹出"Internet 账户"对话框。

② 选择"添加"→"邮件"命令，如图 5-25 所示，打开"Internet 连接向导"对话框。

③"Internet 连接向导"对话框中，在"显示名"栏，填写想要显示发件人的名字。

④ 单击"下一步"按钮，在电子邮件地址栏中填入已经申请好的电子邮件地址（如 zjq9341@126.com），如图 5-26 所示。

⑤ 单击"下一步"按钮，设置电子邮件服务器名。现在我们所用的邮箱，大多采用 POP3 与 SMTP 服务器，用户可依据申请的不同邮箱来设置，例如，zjq9341@126.com，该邮箱的服

务器域名是 126，接收邮件的服务器和发送邮件的服务器分别设置为 pop3.126.com 和 smtp.126.com，如图 5-27 所示。

图 5-25 "添加"选项

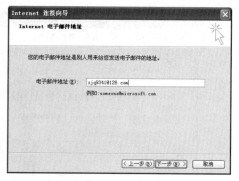

图 5-26 输入电子邮件地址

⑥ 单击"下一步"按钮，键入账户名（zjq9341）和密码，账户建立完成，如图 5-28 所示。重复以上步骤可以建立多个账户。

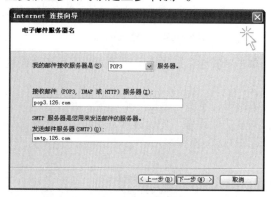

图 5-27 填写邮件服务器

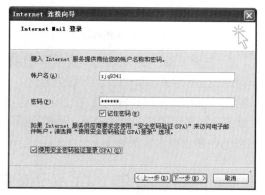

图 5-28 填写账户名和密码

（3）利用建好的账户接收电子邮件

选择"工具"→"发送和接收"→"接收全部邮件"命令，或者单击"工具栏"中的"发送/接收"按钮，可以方便地接收所有账户的邮件。

（4）阅读邮件或附件

单击"收件箱"，可方便地打开收件箱里的邮件，双击某个邮件的主题，就可阅读该邮件正文。若有附件，可下载保存后阅读，也可直接打开阅读附件内容。

（5）用通讯簿保存常用电子邮件地址

用通讯簿来保存电子邮件地址，可方便以后发送邮件。

① 添加邮件地址方法：选择"工具"→"通讯簿"命令，在弹出的"通讯簿"对话框中选择"文件"→"新建联系人"命令，可添加某用户的邮件地址。

② 通讯簿的使用：发送邮件时，在"收件人"的左边单击"通讯簿"，即可显示电子邮件地址列表，从中选择地址，单击"收件人"按钮即可。

2. 使用 Outlook Express 邮件管理软件收发邮件

收发邮件操作步骤

① 打开 Outlook Express，单击工具栏中的"创建邮件"按钮，或单击"文件"→"新

建"→"邮件"选项，打开图 5-29 所示的"新邮件"窗口。

② 在"新邮件"窗口中的"收件人"文本框输入收件人的邮箱地址。若发送给多人，每个邮箱地址用";"或","隔开。

③ 若要将邮件抄送给其他人，在"抄送"文本框中输入要抄送人的邮箱地址。若抄送给多人，每个邮箱地址用";"或","隔开。

④ 在"主题"文本框中输入邮件主题，接收者通过主题内容能大概知道邮件正文内容。

⑤ 在邮件正文框中输入正文，可利用"格式"工具栏中的按钮设置邮件正文中的字体、大小、段落、加粗、倾斜等。美化信纸，选择"格式"→"应用信纸"→"向日葵"命令，选择向日葵作为信件的背景；选择"格式"→"背景"命令，给邮件加入背景图片、颜色或声音。

⑥ 在邮件可以中插入超级链接、图片、图像、文件文本、声音等各种文件作为附件。单击"插入"菜单，选择"文件附件""图片"等命令完成附件的添加。图 5-30 所示为编辑完成的邮件。

图 5-29　新邮件窗口

图 5-30　邮件编辑

⑦ 单击"发送"按钮，即可把邮件发送给收件人和要抄送给的人。

⑧ 单击工具栏上的"发送/接收"按钮，可接收邮件。

⑨ 选择要回复的信件，再单击工具栏中的"答复""全部答复"或"转发"按钮，可回复邮件。

实训五　搜索引擎使用与资源下载

一、实训目的

会使用搜索引擎搜索资源并下载保存资源。

二、实训内容及步骤

1. 使用搜索引擎

① 启动 IE 浏览器。

② 在地址栏输入"www.baidu.com"，按 Enter 键打开百度首页，使用百度搜索引擎，如图 5-31 所示。

③ 在"百度一下"按钮前的文本框中输入搜索内容，如输入"全国计算机等级考试一级考试大纲"，单击"百度一下"按钮或按 Enter 键，将会出现搜索到的内容，如图 5-32 所示。

图 5-31　百度首页

2. 使用搜索引擎下载软件

① 启动 IE 浏览器，打开搜索引擎，如百度（www.baidu.com）。

② 在搜索引擎文本框中输入需要下载的软件，如输入"天网防火墙个人版"，单击"百度一下"按钮，在搜索引擎中会弹出搜索结果，选择进入软件下载站点，如图 5-33 所示。

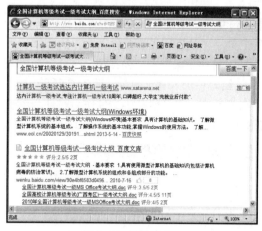

图 5-32　搜索结果

图 5-33　进入软件下载站点

③ 单击"下载"按钮，在弹出的对话框中单击"保存"按钮，将需要下载的软件保存到指定的文件夹中。

实训六　免费邮箱申请

一、实训目的

会申请免费邮箱，能熟练使用 126 邮箱或其他免费邮箱发送普通电子邮件和带附件的电子邮件。

二、实训内容

1. 免费邮箱申请

① 在浏览器地址栏中输入"www.126.com"，进入其首页。在 126 免费邮箱首页单击"注册"按钮，如图 5-34 所示，进入 126 免费邮箱注册页面。

图 5-34　登录与注册界面

② 在注册窗口中的"邮件地址""密码""确认密码""验证码"文本框中，按照要求分别输入信息，勾选"同意'服务条款'和'隐私相关政策'"复选框，单击"立即注册"按钮，完成在 126 邮箱服务器中免费邮箱的申请，如图 5-35 所示。

③ 申请成功后，登录邮箱，继续对邮箱进一步设置，包括基本设置、邮箱安全、信纸、签名/电子名片等设置项，如图 5-36 所示。通过设置，使邮箱应用更安全、更方便。

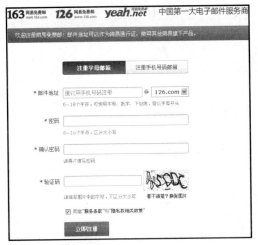

图 5-35　邮箱注册　　　　　　　　　　　　　　　　　图 5-36　邮箱设置

2. 使用申请好的 126 邮箱发送电子邮件

① 打开 126 电子邮箱登录界面，输入账户名和密码，如图 5-37 所示。进入 126 电子邮箱页面，如图 5-38 所示。

图 5-37　126 邮箱登录窗口

② 单击"写信"按钮进入写信界面，在"收件人"文本框中输入收件人的邮箱地址，在"主题"和"内容"文本框中输入相关内容，如图 5-39 所示。

③ 完成后，单击"发送"按钮，实现邮件（该邮件没有附件）的发送。

3. 发送带附件的电子邮件

① 打开 126 电子邮箱，输入用户名和密码后登录。

② 单击"写信"按钮，进入写信邮件界面。

图 5-38　进入 126 电子邮箱页面

图 5-39　编辑邮件

③ 单击"添加附件"，在"打开"对话框中选择需要上传的文件，单击"打开"按钮，如图 5-40 所示。

④ 附件上传完成后，单击"发送"按钮，实现带附件的邮件发送。

4．自动回复邮件

当收到邮件时，用户可以通过设置自动进行回复，具体操作步骤如下。

① 邮箱登录成功后，进入邮箱主窗口，单击"设置"选项。

② 在"基本设置"中，单击"自动回复"选项，在文本框中输入回复内容，完成后单击"保存"按钮即可，如图 5-41 所示。每当收到邮件时，邮箱系统会自动把设置的"您发给我的信件已经收到"（该内容由用户自己编辑）发送给对方。

图 5-40　选择要作为附件发送的文件

图 5-41　自动回复设置

Chapter

6

第 6 章
Access 2010 数据库管理与应用

实训一　数据库基本操作

一、实训目的

掌握 Access 2010 数据库的创建及基本操作。

二、实训内容

1. 创建空白数据库

① 双击桌面上的 Access 快捷图标，打开 Access 2010。

② 在打开的窗口中选择"新建"→"空数据库"命令，如图 6-1 所示，单击"创建"按钮即可完成数据库的创建。

③ 刚建立的数据库如图 6-2 所示，系统自动以数据表视图方式新建"表 1"。

图 6-1　创建数据库

图 6-2　数据库窗口

2. 保存数据库

将数据库保存到 D 盘，文件名为"职工管理.accdb"。具体操作步骤如下。

① 选择"文件"→"数据库另存为"命令，在打开的"另存为"对话框中指定数据库名和保存位置，如图 6-3 所示。

② 单击"保存"按钮，即可保存"职工管理"数据库。

3．打开数据库

双击数据库文件，或单击"文件"选项卡中的"打开"按钮，在"打开"对话框中（见图 6-4）选择相应的数据库文件单击"打开"按钮即可。

图 6-3 "另存为"对话框　　　　　　　　　图 6-4 "打开"对话框

4．关闭数据库

单击"文件"选项卡中的"关闭数据库"按钮可关闭当前数据库，关闭 Access 工作窗口也可以关闭数据库。

5．压缩/修复数据库

单击"文件"选项卡中的"信息"按钮，在打开的"信息"窗格中单击"压缩/修复数据库"按钮即可压缩/修复数据库。

实训二　表的创建和编辑

一、实训目的

掌握数据库中表对象的创建与编辑。

二、实训内容

1．通过数据表视图创建部门表

① 打开"职工管理"数据库，在"创建"→"表格"选项组中单击"表"按钮，此时在数据库窗口以"数据表"视图方式打开新建的"表 1"。

② 选中 ID 字段列，在"字段"→"属性"选项组中单击"名称和标题"按钮，打开"输入字段属性"对话框，进行图 6-5 所示的设置。

③ 设置该字段的数据类型为"文本"，大小为"2"。再添加一个新字段，按照类似的方法设置其字段名为"部门名称"，类型为"文本"，大小为"4"。将该表保存为"部门表"，如图 6-6 所示。

④ 输入部门表的内容，如图 6-7 所示。保存对表的修改，完成部门表的创建。

2．通过表设计视图创建职工表

① 在"职工管理"数据库窗口中，在"创建"→"表格"组中单击"表设计"按钮，此时

在数据库窗口以数据表视图方式打开新建的"表1"，将该表保存为"职工表"。

图 6-5　修改字段名称

图 6-6　输入表名称

图 6-7　创建部门表

② 切换到设计视图，按照表 6-1 所示设置职工表的各字段属性，并将"编号"字段设置为主键，如图 6-8 所示。

表 6-1　职工表结构

字段名称	数据类型	字段大小	是否是主键	字段名称	数据类型	字段大小	是否是主键
职工号	文本	6	主键	出生日期	日期/时间		
姓名	文本	4		职务	文本	5	
性别	文本	1		部门号	文本	2	

③ 保存表结构设计，再切换到数据表视图，输入职工表内容，如图 6-9 所示。

图 6-8　创建职工表

图 6-9　输入职工表记录

3. 编辑表

（1）修改字段名称

将职工表中的"编号"字段改为"职工号"，具体操作：打开职工表，选中"编号"字段列，在其上单击鼠标右键，在弹出的快捷菜单中选择“重命名字段”命令，此时该字段名处于可编辑状态，将其直接修改为“职工号”。保存所做更改，结果如图 6-10 所示。

（2）设置字段居中

将职工表中的“性别”字段居中，具体操作：以数据表视图方式打开职工表，选中“性别”字段，在“开始”→“文本格式”组中单击“居中”按钮，结果如图 6-11 所示。

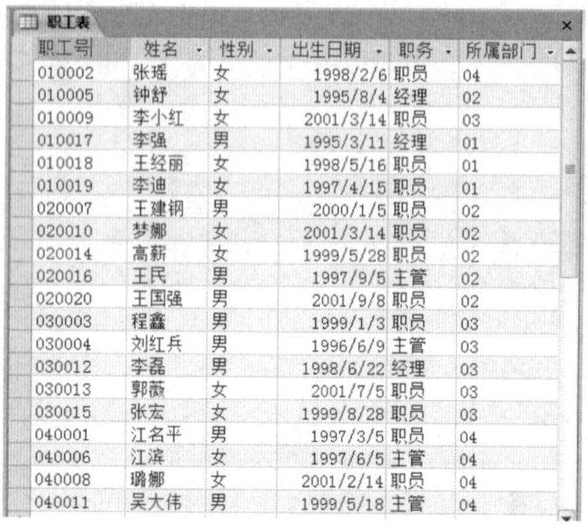

职工号	姓名	性别	出生日期	职务	所属部门
010002	张瑶	女	1998/2/6	职员	04
010005	钟舒	女	1995/8/4	经理	02
010009	李小红	女	2001/3/14	职员	03
010017	李强	男	1995/3/11	经理	01
010018	王经丽	女	1998/5/16	职员	01
010019	李迪	女	1997/4/15	职员	01
020007	王建钢	男	2000/1/5	职员	02
020010	梦娜	女	2001/3/14	职员	02
020014	高薪	女	1999/5/28	职员	02
020016	王民	男	1997/9/5	主管	02
020020	王国强	男	2001/9/8	职员	02
030003	程鑫	男	1999/1/3	职员	03
030004	刘红兵	男	1996/6/9	主管	03
030012	李磊	男	1998/6/22	经理	03
030013	郭薇	女	2001/7/5	职员	03
030015	张宏	女	1999/8/28	职员	03
040001	江名平	男	1997/3/5	职员	04
040006	江滨	女	1997/6/5	主管	04
040008	璐娜	女	2001/2/14	职员	04
040011	吴大伟	男	1999/5/18	主管	04

图 6-10　修改字段名称

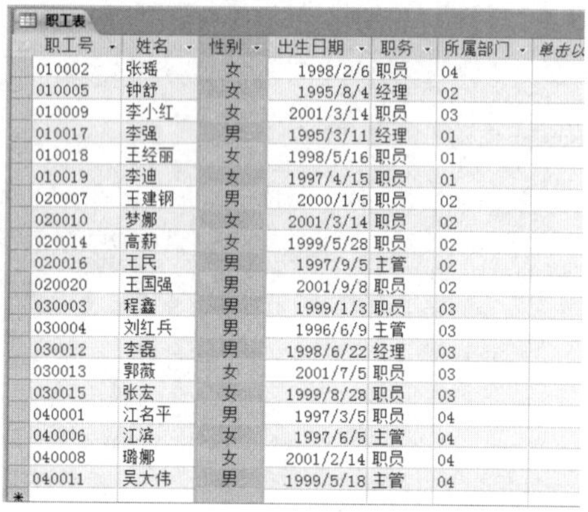

职工号	姓名	性别	出生日期	职务	所属部门	单击以
010002	张瑶	女	1998/2/6	职员	04	
010005	钟舒	女	1995/8/4	经理	02	
010009	李小红	女	2001/3/14	职员	03	
010017	李强	男	1995/3/11	经理	01	
010018	王经丽	女	1998/5/16	职员	01	
010019	李迪	女	1997/4/15	职员	01	
020007	王建钢	男	2000/1/5	职员	02	
020010	梦娜	女	2001/3/14	职员	02	
020014	高薪	女	1999/5/28	职员	02	
020016	王民	男	1997/9/5	主管	02	
020020	王国强	男	2001/9/8	职员	02	
030003	程鑫	男	1999/1/3	职员	03	
030004	刘红兵	男	1996/6/9	主管	03	
030012	李磊	男	1998/6/22	经理	03	
030013	郭薇	女	2001/7/5	职员	03	
030015	张宏	女	1999/8/28	职员	03	
040001	江名平	男	1997/3/5	职员	04	
040006	江滨	女	1997/6/5	主管	04	
040008	璐娜	女	2001/2/14	职员	04	
040011	吴大伟	男	1999/5/18	主管	04	

图 6-11　居中设置

（3）设置字段列宽

调整职工表的“出生日期”字段宽度为“11”。

具体操作：打开职工表，在选中的“出生日期”字段上单击鼠标右键，在弹出的快捷菜单中选择“字段宽度”命令，打开“列宽”对话框，进行图 6-12 所示的设置即可。

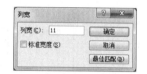

图 6-12　设置列宽

（4）字段的隐藏/显示

隐藏/显示职工表中的“职务”字段，具体操作：打开职工表，在选中的“职务”字段上单击鼠标右键，选择快捷菜单中的“隐藏字段”命令，即可隐藏该字段，如图 6-13 所示。

要显示隐藏字段，可选中表中任意字段，在选定字段上单击鼠标右键，选择快捷菜单中的“取消隐藏字段”命令，在打开的“取消隐藏列”对话框中（见图 6-14）选中“职务”字段，单击“关闭”按钮即可将隐藏的字段显示出来，如图 6-15 所示。

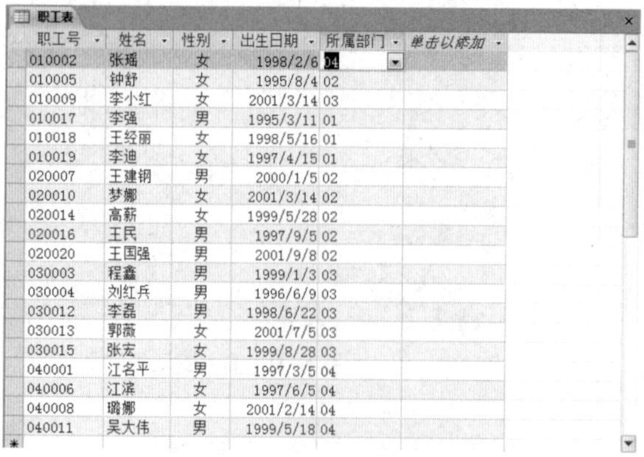

职工号	姓名	性别	出生日期	所属部门	单击以添加
010002	张瑶	女	1998/2/6	04	
010005	钟舒	女	1995/8/4	02	
010009	李小红	女	2001/3/14	03	
010017	李强	男	1995/3/11	01	
010018	王经丽	女	1998/5/16	01	
010019	李迪	女	1997/4/15	01	
020007	王建钢	男	2000/1/5	02	
020010	梦娜	女	2001/3/14	02	
020014	高薪	女	1999/5/28	02	
020016	王民	男	1997/9/5	02	
020020	王国强	男	2001/9/8	02	
030003	程鑫	男	1999/1/3	03	
030004	刘红兵	男	1996/6/9	03	
030012	李磊	男	1998/6/22	03	
030013	郭薇	女	2001/7/5	03	
030015	张宏	女	1999/8/28	03	
040001	江名平	男	1997/3/5	04	
040006	江滨	女	1997/6/5	04	
040008	璐娜	女	2001/2/14	04	
040011	吴大伟	男	1999/5/18	04	

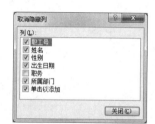

图 6-13　隐藏“职务”字段

图 6-14　取消隐藏列

（5）插入或删除字段

在部门表的"部门名称"字段前插入一个新字段，再将其删除，具体操作：打开部门表，选中"部门名称"字段，在该字段上单击鼠标右键，选择快捷菜单中的"插入字段"命令，即可在窗口中看到新插入的字段，如图 6-16 所示。选中该字段，在其上单击鼠标右键，在弹出的快捷菜单中选择"删除字段"命令，确认后即可删除新添加的字段。

图 6-15　显示隐藏的"职务"字段

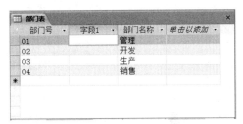

图 6-16　插入新字段

（6）使用输入掩码

设置职工表中的职工号字段，使其单元格中只能输入 6 位数字符号，具体操作：打开职工表的设计视图，选定"职工号"为当前字段，在其"输入掩码"属性框中输入"000000"，如图 6-17 所示，保存表即可。

（7）设置字段的有效性规则、有效性文本和默认值

设置职工表中"性别"字段的有效性规则为"男"或"女"，违反该规则时，提示信息为"性别只能为男或女!!"，默认值为"女"，具体操作步骤如下。

① 打开职工表的设计视图，选定当前字段为"性别"，在其"默认值"框中输入"女"；在"有效性规则"文本框中输入"'男'Or'女'"；在"有效性文本"文本框中输入"性别只能为男或女!!"，如图 6-18 所示，保存表。

图 6-17　设置输入掩码

图 6-18　字段的有效性和默认值设置

② 切换到数据表视图，可发现该表"性别"字段的值显示为默认值（"女"）。输入该记

录的"职工号"值为"010008"，"姓名"字段为"李汉洋"，修改"性别"字段值为除"男女"外的任何字符，将光标移到下一字段时，弹出一个出错信息框显示有效性文本，如图6-19所示。

③ 修改"性别"字段值为"男"。依次输入其他各字段值：1998/6/2、职员、01，保存表即可。

（8）设置索引

在职工表中的"姓名"字段上创建索引，具体操作：打开职工表的设计视图，选中"姓名"字段，在"索引"属性框中选择其索引类型，如图6-20所示。

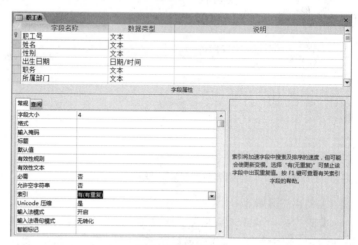

图 6-19 有效性文本

图 6-20 设置索引

实训三　表的基本操作

一、实训目的

掌握表中记录的删除方法；掌握表中数据的查找/替换、排序、筛选，表的导出；掌握表间关系的建立。

二、实训内容

1. 删除记录

删除"实训二"中添加在职工表末尾的"职工号"字段值为"01008"的记录，具体操作：打开职工表的数据表视图，在"职工号"字段值为"01008"的记录上单击鼠标右键，在弹出的快捷菜单中选择"删除记录"命令，在弹出的对话框中确认删除，保存表即可。

2. 查找/替换数据

查找职工表中职务为"经理"的所有职工。具体操作：打开职工表，在"开始"→"查找"选项组中单击"查找"按钮，打开"查找和替换"对话框，在"查找"选项卡中输入查找内容，如图6-21所示。确定查找范围，单击"查找下一个"按钮，光标将定位到第1个"经理"数据。继续单击"查找下一个"按钮，可找出所有的"经理"数据。

若要将该表中所有的"经理"数据修改为"Manager"，可在"替换"选项卡中进行图6-22所示的设置，单击"全部替换"按钮即可。

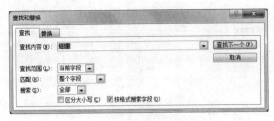

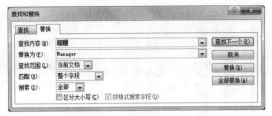

图 6-21　设置查找内容　　　　　　　　　图 6-22　设置替换内容

3. 单字段排序/取消排序

将职工表中的"所属部门"字段名改为"部门号",将表中记录按部门号升序排序,具体操作:打开职工表的设计视图,将"所属部门"字段改名为"部门号",保存表。切换数据表视图,选中"部门号"字段,在"开始"→"排序和筛选"选项组中单击"升序"按钮,此时该字段以升序方式排序,如图 6-23 所示。

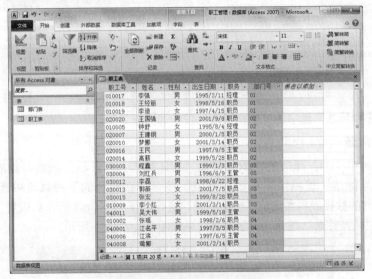

图 6-23　按"部门号"升序排序

要取消字段排序,只需单击"排序和筛选"组中的"取消排序"按钮即可。

4. 多字段排序

对职工表中的"部门号"字段按升序排序,部门号相同按职工号降序排序,具体操作:打开职工表,在"开始"→"排序和筛选"选项组中单击"高级"按钮,在弹出的下拉菜单中选择"高级筛选/排序"选项,在打开的"职工表筛选 1"查询窗口中进行图 6-24 所示的设置。

右键单击该窗口,执行快捷菜单中的"应用筛选/排序"命令,结果如图 6-25 所示。

单击"排序和筛选"组中的"取消排序"按钮即可取消排序。

5. 单字段筛选/取消筛选

例如,查找职工表中部门号为"04"的职工信息,具体操作:打开职工表,单击"部门号"文本框中右侧的下拉按钮,在弹出的下拉菜单中选择"文本筛选器"→"等于"命令,打开"自定义筛选"对话框,进行图 6-26(a)所示的设置。单击"确定"按钮,筛选结果如图 6-26(b)所示。

图 6-24　设置多重排序

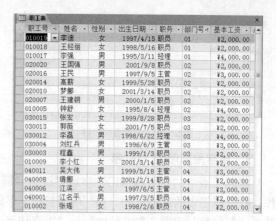

图 6-25　多字段排序结果

（a）设置筛选条件

（b）筛选结果

图 6-26　基于单字段的简单筛选

单击"排序和筛选"组中的"切换筛选"按钮即可取消筛选。

6. 多字段筛选

查找职工表中"04"部门的女职工信息，具体操作：打开职工表的数据表视图，在"开始"→"排序与筛选"选项组中单击"高级"按钮，在打开的下拉菜单中选择"按窗体筛选"命令，这时的数据表视图变成了一条记录，进行图 6-27（a）所示的设置。单击"排序与筛选"组中的"切换筛选"按钮，显示筛选结果如图 6-27（b）所示。

（a）设置筛选条件

（b）筛选结果

图 6-27　按窗体筛选

在职工表中查找 9 月份出生的职工，具体操作：打开职工表，单击"开始"→"排序和筛选"选项组中的"高级"按钮，在弹出的下拉菜单中选择"高级筛选/排序"选项，在打开的"职工表筛选 1"查询窗口中设置筛选条件，如图 6-28（a）所示。单击"排序与筛选"组中的"切换筛选"按钮，筛选结果如图 6-28（b）所示。

7. 数据表中的汇总行

统计职工表中的职工人数及平均工资，具体操作：打开职工表的数据表视图，在"开始"→"记录"选项组中单击"合计"按钮，在职工表的最下方添加了一个空汇总行。单击"姓名"列的汇总行的单元格，在出现的下拉菜单中选择"计数"；单击"基本工资"列的汇总行的单元格，在出现的下拉菜单中选择"平均值"，则汇总结果会显示在相应的单元格中，如图 6-29 所示。

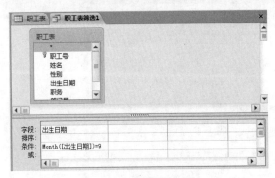

（a）设置筛选条件　　　　　　　（b）筛选结果

图 6-28　高级筛选

单击"开始"选项卡的"记录"组中的"合计"按钮，即可隐藏汇总行。

8. 表的导出

将职工表导出为文本文件，将部门表导出为 Excel 工作表，具体操作步骤如下。

① 打开职工表的设计视图，单击"外部数据"→"导出"选项组中的"文本文件"按钮，打开"导出-文本文件"对话框，进行图 6-30 所示的设置。单击"确定"按钮，设置对该表的编码方式，如图 6-31 所示。

② 打开部门表，单击"外部数据"→"导出"选项组中的"Excel"按钮，打开"导出- Excel 电子表格"对话框，进行图 6-32 所示的设置，单击"确定"按钮即可。

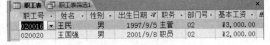

图 6-29　表的行汇总统计

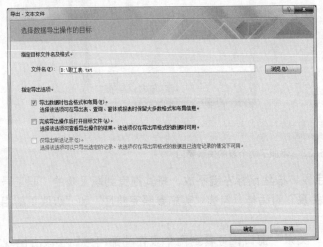

图 6-30　设置导出文本文件的位置和格式

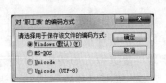

图 6-31　采用的编码方式

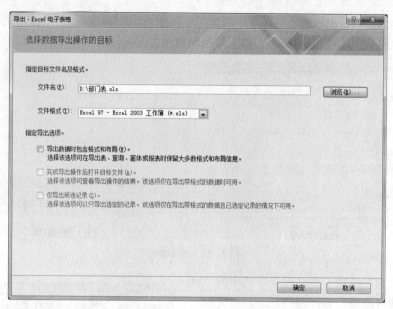

图 6-32　设置导出 Excel 电子表格的位置和格式

9. 定义表间的关系

（1）建立表间关系

在"职工管理"数据库中建立部门表和职工表之间的关系，具体操作步骤如下。

① 打开"职工管理"数据库，单击"数据库工具"→"关系"选项组中的"关系"按钮，打开关系窗口。在弹出的"显示表"对话框中，按住 Shift 键，分别选中职工表和部门表，将其添加到关系窗口，如图 6-33 所示。

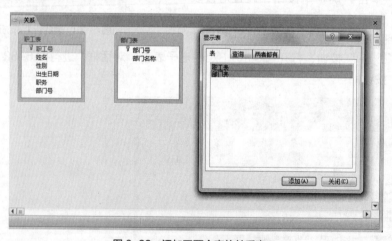

图 6-33　添加了两个表的关系窗口

② 在部门表中选中"部门号"字段，按住鼠标左键不放，将其拖曳到职工表的"职工号"字段上，松开鼠标左键，打开"编辑关系"对话框。勾选"实施参照完整性"和"级联更新相关字段"复选框，如图 6-34 所示。

③ 单击"创建"按钮，返回到"关系"窗口，可看到两个表在"部门号"字段上出现了一条关系线，并且在部门表一方显示"1"，在职工表一方显示"∞"，表示部门表中的"部门

号"字段是主键，职工表中的"部门号"字段为外键，两个表之间是一对多的关系，如图 6-35 所示。

图 6-34　"编辑关系"对话框

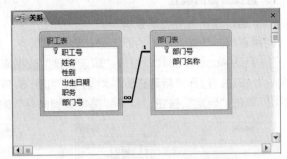

图 6-35　已建立表间关系的关系窗口

（2）编辑关系

当删除部门表中的某记录时，自动删除职工表的相关记录，具体操作：打开"职工管理"数据库，若部门表和职工表已打开请先将其关闭。打开"关系"窗口，双击两表间的关系线，打开"编辑关系"对话框，选中"级联删除相关记录"复选框，如图 6-36 所示。单击"确定"按钮，保存所做的更改即可。

（3）在主数据表中查看子数据表

在部门表的数据表视图中查看相关的职工数据。具体操作：在"职工管理"数据库中打开部门表的数据表视图，单击首字段前的"+"展开按钮，即可展开其子数据表，原"+"按钮变为"–"按钮，如图 6-37 所示。单击"–"收缩按钮，即可关闭子数据表。

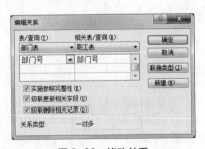

图 6-36　修改关系

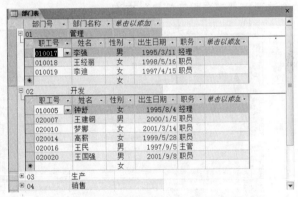

图 6-37　在数据表视图中显示一对多的关系

（4）删除关系

若要删除部门表和职工表间的关系，只需在"关系"窗口的关系线上单击鼠标右键，在弹出的快捷菜单中选择"删除"命令即可删除该关系。

实训四　查询的创建与设计

一、实训目的

掌握各种查询的创建与设计方法。

二、实训内容

1. 选择查询的建立

（1）通过查询向导创建查询

利用查询向导查询职工的职工号、姓名和职务，具体操作步骤如下。

① 启动 Access 2010，打开"职工管理"数据库，单击"创建"→"查询"选项组中的"查询向导"按钮，打开"新建查询"对话框，如图 6-38 所示。

② 单击"确定"按钮，打开"简单查询向导"对话框，进行图 6-39 所示的设置。

图 6-38 "新建查询"对话框

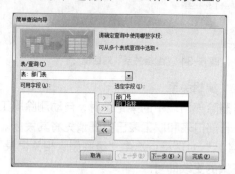

图 6-39 选择字段

③ 单击"下一步"按钮，指定查询的标题为"查询部门信息"，并选择打开该查询，如图 6-40 所示。

④ 单击"完成"按钮，打开"查询部门信息"的数据表视图，如图 6-41 所示。按照同样的方法建立"查询职工信息"查询。

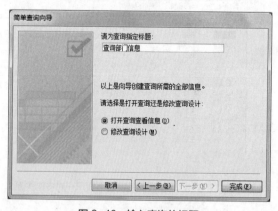

图 6-40 输入查询的标题

图 6-41 查询结果

（2）在设计视图中创建选择查询

查询开发部门的职工及其所在的部门，查询结果包含职工号、姓名、性别、部门号和部门名称信息，查询名称为"开发部门的职工"，具体操作步骤如下。

① 打开"职工管理"数据库，单击"创建"→"查询"选项组中的"查询设计"按钮，打开"查询1"查询设计窗口，并弹出"显示表"对话框，如图 6-42 所示。

② 将职工表和部门表添加到查询设计视图中，字段及条件设置如图 6-43 所示。

③ 以"开发部门的职工"为名保存查询，如图 6-44 所示。

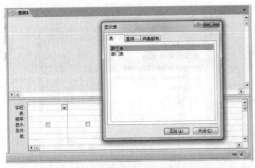

图 6-42 查询设计视图

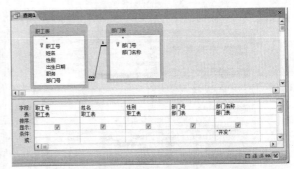

图 6-43 添加表、字段及查询条件的设计视图

④ 单击窗口状态栏上的"数据表视图"按钮，打开该查询的数据表视图，如图6-45所示。

图 6-44 输入查询名称

图 6-45 查询运行结果

2. 交叉表查询设计

利用查询向导创建交叉表查询"职工职务工资查询_交叉表"。以职工号、姓名为行，以职务为列，显示各职工的基本工资，具体操作步骤如下。

① 先在职工表中插入一个名为"基本工资"的新字段，数据类型为货币型，并输入该字段值。单击"创建"→"查询"选项组中的"查询向导"按钮，打开"新建查询"对话框。

② 选择"交叉表查询向导"选项，单击"确定"按钮，打开"交叉表查询向导"对话框，指定职工表为交叉表查询的数据源。

③ 单击"下一步"按钮，确定作为行标题的字段，如图 6-46 所示。

④ 单击"下一步"按钮，确定作为列标题的字段，如图 6-47 所示。

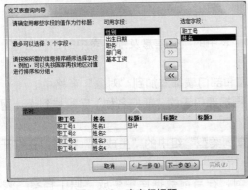

图 6-46 确定行标题

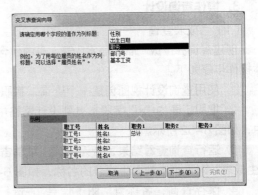

图 6-47 确定列标题

⑤ 为每个列和行的交叉点计算基本工资总计，进行图 6-48 所示的设置。

⑥ 指定查询名称为"职工职务工资查询_交叉表"，选择"修改设计"单选钮，如图 6-49

所示。

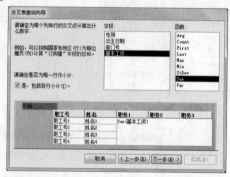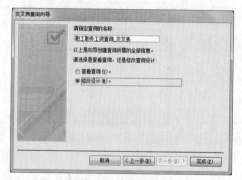

图 6-48 指定列和行交叉点计算字段　　　　图 6-49 指定查询名称

⑦ 单击"完成"按钮，打开查询设计视图，如图 6-50 所示。

⑧ 删除最后一列"总计"，保存查询，运行结果如图 6-51 所示。

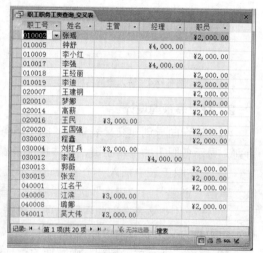

图 6-50 查询设计视图　　　　图 6-51 "职工职务工资_交叉表"查询结果

3. 操作查询设计

（1）生成表查询

创建查询并生成"职工档案"表，表中包含职工表中的所有信息及部门表中的部门名称。具体操作步骤如下。

① 使用查询设计视图创建一个查询，将职工表和部门表都添加到"对象"窗格中。

② 把职工表的"*"字段拖曳到设计网格中，再把部门表的"部门名称"字段拖到设计网格中，如图 6-52 所示。

③ 运行查询查看结果，若无错误，可单击"查询类型"组中的"生成表"按钮，在打开的"生成表"对话框中输入生成表的名称，如图 6-53 所示。

④ 保存查询，名称为"职工信息"。运行查询，在当前数据库中生成"职工档案"表，如图 6-54 所示。

（2）更新表查询

因为执行更新查询后更新过的数据不能恢复，故需先建立一个"职工表 的副本"表。然后创建查询，使职工表的副本中的基本工资提高 5%，具体操作步骤如下。

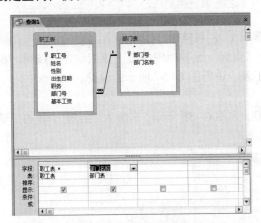

图 6-52　查询设计视图

图 6-53　"生成表"对话框

① 复制"导航窗格"中的职工表，再粘贴到此位置（结构和数据同时复制），则会产生一个"职工表 的副本"表。使用查询设计视图创建一个查询，将该表添加到"对象"窗格中。

② 单击"设计"→"查询类型"选项组中的"更新"按钮，在设计网格中添加了"更新到"行，把该表的"基本工资"字段拖曳到设计网格中，在"更新到"行上进行图 6-55 所示设置。

图 6-54　当前数据库的"导航窗格"

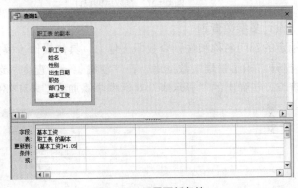

图 6-55　设置更新条件

③ 运行该查询。更新前的职工表和更新后的职工表的副本内容显示如图 6-56 所示。

职工号	姓名	性别	出生日期	职务	部门号	基本工资
010002	张瑶	女	1998/2/6	职员	04	¥2,000.00
010005	钟舒	女	1995/8/4	经理	02	¥4,000.00
010009	李小红	女	2001/3/14	职员	03	¥2,000.00
010017	李强	男	1995/3/11	经理	01	¥4,000.00
010018	王经丽	女	1998/5/16	职员	01	¥2,000.00
010019	李迪	女	1997/4/15	职员	01	¥2,000.00
020007	王建钢	男	2000/1/5	职员	02	¥2,000.00
020010	梦娜	女	2003/3/14	职员	02	¥2,000.00
020014	高蓓	女	1999/5/28	职员	02	¥2,000.00
020016	王民	男	1997/9/5	主管	02	¥3,000.00
020020	王国强	男	2001/9/8	职员	02	¥2,000.00
030003	程鑫	男	1999/1/3	职员	03	¥2,000.00
030004	刘红兵	男	1996/6/9	主管	03	¥3,000.00
030012	李磊	男	1998/6/22	经理	03	¥4,000.00
030013	郭薇	女	2001/7/5	职员	03	¥2,000.00
030015	张宏	女	1999/8/28	职员	03	¥2,000.00
040001	江名平	男	1997/3/5	职员	04	¥2,000.00
040006	江涛	女	1997/6/5	主管	04	¥3,000.00
040008	谪卿	女	2001/2/14	职员	04	¥2,000.00
040011	吴大伟	男	1999/5/18	主管	04	¥3,000.00

（a）更新前

职工号	姓名	性别	出生日期	职务	部门号	基本工资
010002	张瑶	女	1998/2/6	职员	04	¥2,100.00
010005	钟舒	女	1995/8/4	经理	02	¥4,200.00
010009	李小红	女	2001/3/14	职员	03	¥2,100.00
010017	李强	男	1995/3/11	经理	01	¥4,200.00
010018	王经丽	女	1998/5/16	职员	01	¥2,100.00
010019	李迪	女	1997/4/15	职员	01	¥2,100.00
020007	王建钢	男	2000/1/5	职员	02	¥2,100.00
020010	梦娜	女	2003/3/14	职员	02	¥2,100.00
020014	高蓓	女	1999/5/28	职员	02	¥2,100.00
020016	王民	男	1997/9/5	主管	02	¥3,150.00
020020	王国强	男	2001/9/8	职员	02	¥2,100.00
030003	程鑫	男	1999/1/3	职员	03	¥2,100.00
030004	刘红兵	男	1996/6/9	主管	03	¥3,150.00
030012	李磊	男	1998/6/22	经理	03	¥4,200.00
030013	郭薇	女	2001/7/5	职员	03	¥2,100.00
030015	张宏	女	1999/8/28	职员	03	¥2,100.00
040001	江名平	男	1997/3/5	职员	04	¥2,100.00
040006	江涛	女	1997/6/5	主管	04	¥3,150.00
040008	谪卿	女	2001/2/14	职员	04	¥2,100.00
040011	吴大伟	男	1999/5/18	主管	04	¥3,150.00

（b）更新后

图 6-56　更新查询结果比较

4. 参数查询设计

（1）设计单参数查询

按职务查找职工信息，查询名称为"按职务查职工"，具体操作步骤如下。

① 打开"职工管理"数据库，在"创建"→"查询"选项组中单击"查询设计"按钮，新建一个查询，在弹出的"显示表"对话框添加职工表，进行图 6-57 所示的设置。

② 以"按职务查职工"为名保存查询。

③ 运行查询时，会弹出"输入参数值"对话框，如图 6-58 所示。若输入"经理"，单击"确定"按钮，查询结果显示如图 6-59 所示。

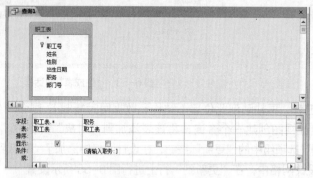

图 6-57　参数查询设计

图 6-58　输入参数值

（2）设计多参数查询

按指定的部门名称和性别查找职工信息，具体操作步骤如下。

① 打开"职工管理"数据库，在"创建"→"查询"选项组中单击"查询设计"按钮，新建一个查询，在弹出的"显示表"对话框中添加职工表和部门表，再进行图 6-60 所示的设置。

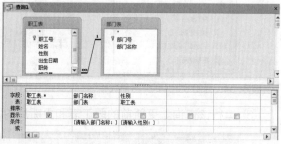

图 6-60　多参数查询设计

图 6-59　参数查询结果

② 运行查询时，会依次弹出两个"输入参数值"对话框，依次在两个对话框中输入要查找的部门名称和性别，如图 6-61 所示。

③ 单击"确定"按钮，查询结果如图 6-62 所示。

（a）　　　　　　（b）

图 6-61　"输入参数值"对话框

图 6-62　多参数查询结果

5. 使用查询执行计算

（1）汇总查询

统计职工表中经理的个数，具体操作步骤如下。

① 使用查询设计视图创建一个查询，在对象窗格中添加职工表。

② 将"职务""职工号"字段依次拖到设计网格中。在"职务"字段的条件列上输入"经理"。

③ 单击"设计"选项卡下的"汇总"按钮，在"设计网格"中添加了一个"总计"行。在该行的"职工号"字段列中选择"计数"，设置其字段标题为"人数"，如图 6-63 所示。

④ 运行查询，结果如图 6-64 所示。

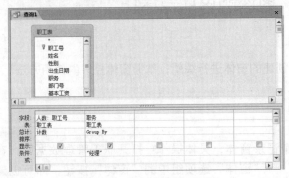

图 6-63　汇总查询的设计视图

图 6-64　统计结果

（2）分组总计查询

分组统计职工表中主管的人数及其工资总和，具体操作步骤如下。

① 使用查询设计视图创建一个查询，在对象窗格中添加职工表。

② 将职工表的"职务""职工号"和"基本工资"字段依次拖到设计网格中。在"职务"的条件列上输入"主管"。

③ 单击"汇总"按钮，在"设计网格"中添加了一个"总计"行。在该行的"职工号"字段列中选择"计数"，设置其字段标题为"人数"；在"基本工资"字段列上选择"合计"，设置其字段标题为"总工资"，如图 6-65 所示。

④ 运行查询，结果如图 6-66 所示。

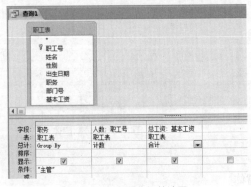

图 6-65　设置分组总计图

图 6-66　运行结果

6. 使用 SQL 创建查询

查询销售部门的女职工信息，查询名称为"销售部女职工"，具体操作：使用查询设计视图创建一个查询，以"销售部女职工"为名保存。单击右下角的"SQL视图"切换到SQL视图，在其中输入图6-67所示的SQL命令，查看其数据表视图结果，如图6-68所示。

图6-67　SQL视图　　　　　　　　　　图6-68　数据表视图

实训五　窗体的设计与操作

一、实训目的

熟悉创建窗体的各种方法，并能对创建的窗体进行编辑；掌握窗体控件的使用方法。

二、实训内容

1. 使用"窗体"创建窗体

以职工表为数据源，快速创建单个记录窗体，具体操作：打开职工管理数据库，在"导航"窗格中选择职工表，单击"创建"→"窗体"选项组中的"窗体"按钮，即可创建该窗体，如图6-69所示。

2. 创建分割窗体

创建"职工"分割窗体，具体操作：打开"职工管理"数据库，在"导航窗格"中选择职工表，单击"创建"→"窗体"选项组中的"其他窗体"按钮，在打开的下拉菜单中选择"分割窗体"命令即可打开该窗体。在该窗体的上半部分以布局视图方式显示，下半部分显示该表中的所有记录。若在下半部分选中某条记录，则会在上半部分显示该记录的明细。以"职工"为窗体名称保存，如图6-70所示。

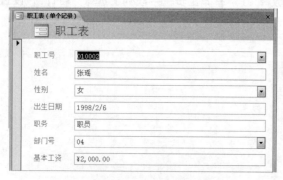

图6-69　单个记录窗体　　　　　　　　图6-70　分割窗体

3. 利用窗体向导创建窗体

（1）使用窗体向导创建"职工信息浏览"窗体

① 打开"职工管理"数据库，单击"创建"→"窗体"选项组中的"窗体向导"按钮，打开"窗体向导"对话框。选择窗体数据源为"职工表"，将该表中的所有字段添加到"选定字段"列表中，如图6-71所示。

② 确定窗体的布局为 "纵栏式"（见图 6-72），标题为 "职工信息浏览"，如图 6-73 所示。

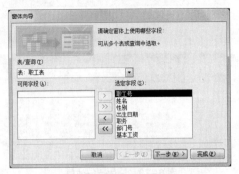

图 6-71　选择窗体的数据源及可用字段

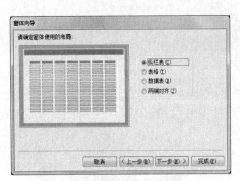

图 6-72　确定窗体的布局

③ 设置好的窗体如图 6-74 所示。

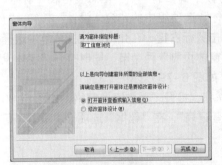

图 6-73　指定窗体的标题

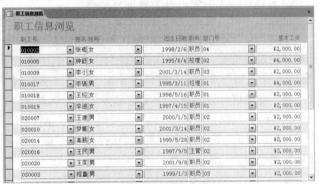

图 6-74　"职工信息浏览"窗体

（2）使用窗体向导创建 "部门—职工信息" 主/子窗体

① 打开 "职工管理" 数据库，单击 "创建" → "窗体" 选项组中的 "窗体向导" 按钮，打开 "窗体向导" 对话框。将部门表和职工表中的所有字段添加到 "选定字段" 列表中，指定数据查看的方式及子窗体使用的布局，分别如图 6-75 和图 6-76 所示。

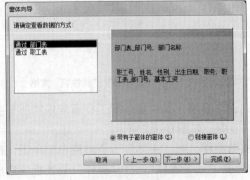

图 6-75　确定查看数据的方式

图 6-76　指定子窗体使用的布局

② 指定窗体和子窗体的标题，如图 6-77 所示。

③ 单击 "完成" 按钮，调整后的 "部门—职工信息" 窗体运行效果如图 6-78 所示。

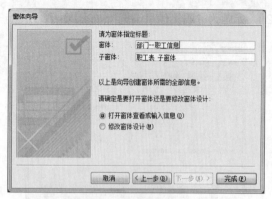

图 6-77　指定窗体标题

图 6-78　窗体运行效果

4. 在设计视图中设计窗体

（1）设计一个"职工信息登记表"窗体

下面以"职工档案"表为数据源，设计一个能够进行数据编辑的"职工信息登记表"窗体。

① 打开"职工管理"数据库，单击"创建"→"窗体"选项组中的"窗体设计"按钮，打开窗体的设计视图，出现窗体的"主体"节。在窗体中单击鼠标右键，在弹出的快捷菜单中选择"窗体页眉/页脚"命令，在窗体中添加"窗体页眉"和"窗体页脚"两个节，同时打开"窗体设计工具"功能区。以名称"职工信息登记表"保存窗体，如图 6-79 所示。

② 单击"设计"→"工具"选项组中的"属性表"按钮，打开"属性表"窗格，如图 6-80 所示。在"格式"选项卡中设置报表的标题为"职工信息登记表"，在"数据"选项卡中设置"记录源"属性值为"职工档案"。

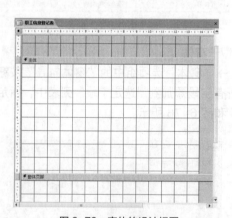

图 6-79　窗体的设计视图

图 6-80　"属性表"窗格

③ 单击"添加现有字段"按钮，打开"字段列表"窗格，其中显示职工档案表中的所有字段。按住 Shift 键选取所有字段，将其拖到"主体"节中，如图 6-81 所示。

④ 选择"设计"→"控件"选项组中的命令按钮控件，在"主体"节下方空白处单击，打开"命令按钮向导"对话框，在"类别"列表框中选择"记录操作"，在"操作"列表框中选择"保存记录"，如图 6-82 所示。

⑤ 单击"下一步"按钮，在后续的对话框中依次设置在命令按钮上"显示文本"、指定其名称为"cmd1"，完成命令按钮控件的插入。按照同样的方法再添加一个命令按钮，设置其记录操作为"删

除记录"、文本按钮名称为"cmd2"。调整窗体中控件的布局，如图 6-83 所示。

图 6-81 在主体节中添加字段

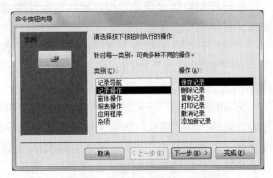
图 6-82 "命令按钮向导"对话框

⑥ 单击"设计"→"页眉/页脚"选项组中的"标题"按钮，在"窗体页眉"节中添加标题，调整好标题的位置，在"格式"选项卡中设置其字体/字号为"华文行楷/24"，内容居中。单击"日期和时间"按钮，打开"日期和时间"对话框，进行图 6-84 所示的设置。

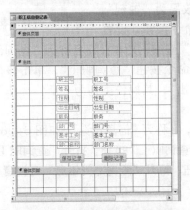
图 6-83 在窗体中添加命令按钮

图 6-84 "日期和时间"对话框

⑦ 单击"确定"按钮，插入的日期默认位于"窗体页眉"节的右上角，将其移至"窗体页脚"节中的合适位置，调整其大小和对齐方式，修改后的窗体设计视图如图 6-85 所示。

⑧ 保存窗体，切换到窗体视图，结果如图 6-86 所示。

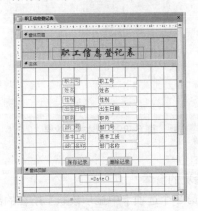
图 6-85 窗体设计视图

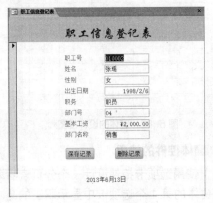
图 6-86 窗体视图

（2）设计一个控制窗体

设计控制窗体实现单击相应的按钮时能查看职工信息、部门信息，单击"退出"按钮时关闭窗体，具体操作步骤如下。

① 打开"职工管理"数据库，单击"创建"→"窗体"选项组中的"窗体设计"按钮，打开窗体的设计视图，出现窗体的"主体"节。

② 单击"设计"→"工具"选项组中的"属性表"按钮，打开"属性表"窗格，在"格式"选项卡中设置报表的标题为"信息查询"，边框样式为"对话框边框"，取消窗体中的水平/垂直滚动条、记录选择器、导航按钮、分隔线和控制框，如图6-87所示。

③ 在"主体"节中添加一个标签控件，设置其标题为"信息浏览"；标题的字体/字号为"黑体/24"，高度/宽度为"1.1cm/4.5cm"，左边距/上边距为"2.2cm/4.5cm"，居中对齐。

④ 在标签下方添加一个"矩形"控件，设置其高度/宽度为"5cm/8cm"，左边距/上边距为"2.5cm/4cm"，特殊效果为"蚀刻"。

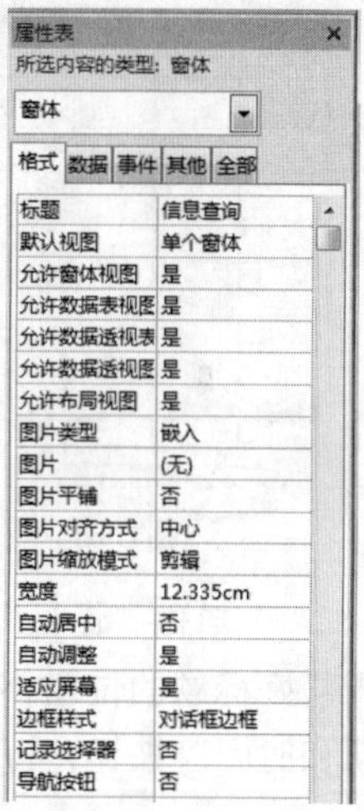

图6-87 "属性表"窗格

⑤ 使用"命令按钮向导"在矩形框中添加一个命令按钮，设置其类别为"杂项"，指定其操作为运行"查询部门信息"查询，文本按钮名称为"查询部门"，单击"完成"按钮即可。按照同样的方法添加另一个命令按钮"查询职工"，单击该按钮运行"查询职工信息"查询。添加第3个命令按钮"退出"，其操作类别为"窗体操作"中的"关闭窗体"。

⑥ 调整好3个命令控件的大小和布局后保存窗体，名称为"信息查询"，如图6-88所示。

⑦ 切换到窗体视图，效果如图6-89所示。单击"查询职工"按钮，打开"查询职工信息"查询窗口，如图6-90（a）所示；单击"查询部门"按钮，打开"查询部门信息"查询窗口，如图6-90（b）所示；单击"退出"按钮，关闭窗体。

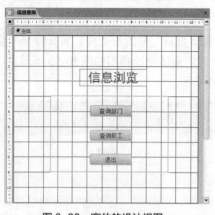

图6-88 窗体的设计视图

图6-89 窗体视图效果

5. 窗体控件的使用

（1）使用选项卡控件设计一个分页查看职工基本情况的窗体

在窗体的第1个选项卡中显示职工的基本信息，在第2个选项卡中显示该职工所在的部门信息，具体操作步骤如下。

（a）查询职工信息　　　　　　（b）查询部门信息

图 6-90　在窗体视图单击不同命令按钮的结果

① 打开"职工管理"数据库，单击"创建"→"窗体"选项组中的"窗体设计"按钮，打开窗体的设计视图，出现窗体的"主体"节。保存窗体，名称为"职工基本情况"。

② 在窗体中添加一个选项卡控件，单击"设计"→"工具"选项组中的"属性表"按钮，打开"属性表"窗格，设置"页 1"的标题为"基本信息"，"页 2"的标题为"所在部门"，如图 6-91 所示。

③ 切换到"页 1"，单击"设计"→"工具"选项组中的"添加现有字段"按钮，打开"字段列表"任务窗格。从字段列表中将职工表相应字段拖放到该选项卡中，调整大小和位置，设置字体和字号，如图 6-92 所示。

图 6-91　设置页的标题

④ 切换到"页 2"，按照同样的方法。从字段列表中将部门表相应字段拖放到该选项卡中，并进行相关设置，如图 6-93 所示。

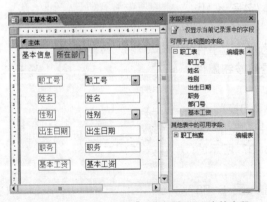

图 6-92　在"基本信息"页面添加职工表的字段

图 6-93　在"所在部门"页面添加部门表的字段

因为两个表在"部门号"字段上建立了关系，所以在第 2 个页面上显示的是第 1 个页面上职工所在的部门信息。

⑤ 在窗体视图中单击各选项卡，结果如图 6-94 所示。

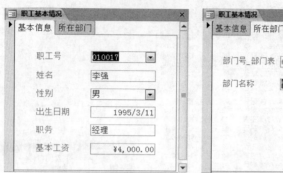

（a）职工信息选项卡　　　　　　　（b）部门信息选项卡

图6-94　职工基本情况分页显示窗体

（2）设计窗体"通过事件代码修改控件属性"

设计窗体实现当单击窗体中的"切换"按钮时，标签的标题和字体随之改变，如图6-95所示，具体操作步骤如下。

（a）单击"切换"按钮前　　　　　　（b）单击"切换"按钮后

图6-95　通过事件代码修改控件属性

① 打开窗体的设计视图，在窗体中添加一个标签控件，输入文本"欢迎使用 ACCESS 2010"。设置其字体/字号为"华文行楷/28"，大小为"正好容纳"。

② 打开窗体的"属性表"，设置窗体的标题为"通过事件代码修改控件属性"，记录选择器属性为"否"，导航按钮属性为"否"。

③ 在窗体中添加一个命令按钮，设置标题为"切换"，在图6-96所示的"属性表"窗格的"事件"选项卡中，单击"单击"属性右侧的"…"（生成器）按钮，打开图 6-97 所示的"选择生成器"对话框，选择"代码生成器"。

④ 单击"确定"按钮，打开代码编辑器，输入图 6-98 所示的代码。代码输入完成后单击工具栏上的"保存"按钮进行保存。

⑤ 关闭代码窗口，保存窗体。切换到窗体视图，单击"切换"按钮查看结果。

图6-96　命令按钮的"属性表"窗格

图 6-97　"选择生成器"对话框

图 6-98　代码编辑器

实训六　报表的设计与编辑

一、实训目的

掌握创建报表的各种方法，能熟练进行报表设计和编辑操作。

二、实训内容

1. 使用"报表"按钮快速创建报表

以职工表为数据源，快速创建"职工表"报表，具体操作步骤如下。

① 打开"职工管理"数据库，在"导航窗格"中选择职工表，单击"创建"→"报表"选项组中的"报表"按钮，此时即可看到新创建的报表，如图 6-99 所示。

② 单击快速访问工具栏上的"保存"按钮，打开"另存为"对话框，系统自动将该表名作为报表名，如图 6-100 所示。单击"确定"按钮即可完成保存，同时在"导航窗格"中出现该报表对象。

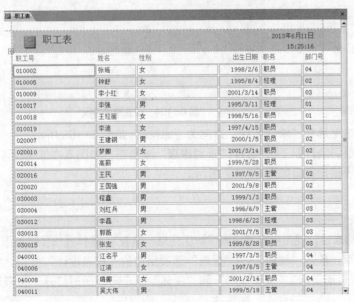

图 6-99　表格形式的报表

图 6-100　保存报表

2. 使用"报表向导"创建报表

使用"报表向导"创建"按部门统计职工"报表，具体操作步骤如下。

① 打开"职工管理"数据库，单击"创建"→"报表"选项组中的"报表向导"按钮，打开"报表向导"对话框。将职工表的所有字段添加到"可用字段"列表框中，如图 6-101 所示。

② 因部门表和职工表之间已建立一对多关系，故系统自动给出分组级别，即按"部门号"字段分组，如图 6-102 所示。单击"报表向导"对话框中的"分组选项"按钮还可以设置分组间隔，如图 6-103 所示。

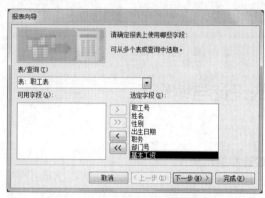

图 6-101 确定报表的数据源及可用字段

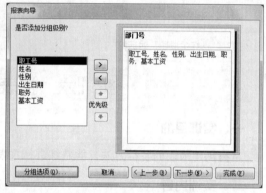

图 6-102 添加分组级别

③ 设置表记录的排序次序及汇总方式。这里选择"性别"降序，如图 6-104 所示。

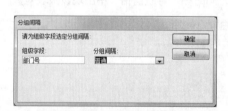

图 6-103 设置分组间隔

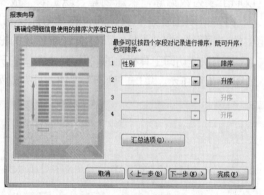

图 6-104 设置排序字段

④ 确定报表的布局方式。这里选择"块"布局，方向为"纵向"，如图 6-105 所示。

⑤ 指定报表的标题为"按部门统计职工"，选择"预览报表"单选钮，如图 6-106 所示。

⑥ 单击"完成"按钮，报表预览窗口如图 6-107 所示。

3. 通过设计视图创建报表

（1）创建"职工信息一览表"报表

以职工档案表为数据源，在报表设计视图中创建报表"职工信息一览表"，具体操作步骤如下。

① 打开"职工管理"数据库，单击"创建"→"报表"选项组中的"报表设计"按钮，打开报表设计视图，出现报表的"页面页眉""页面页脚"和"主体"3 个节，同时打开"报表设计工具"功能区。

② 单击"设计"→"工具"选项组中的"属性表"按钮，打开"属性表"窗格，在"格式"

选项卡中设置报表的标题为"职工信息一览表";在"数据"选项卡中设置"记录源"属性值为
"职工档案",如图 6-108 所示。

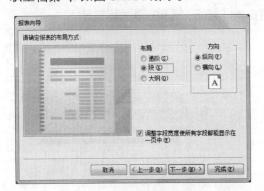

图 6-105　设置报表布局方式

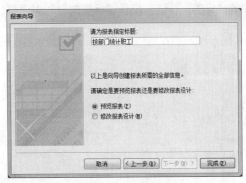

图 6-106　设置报表标题

图 6-107　使用报表向导创建报表

③ 单击"添加现有字段"按钮,打开"字段列表"窗格,其中显示职工档案表中的所有字
段。按住 Shift 键选取所有字段,将其拖到"主体"节中,如图 6-109 所示。

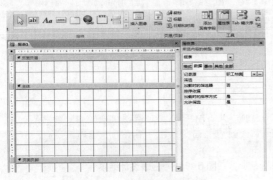

图 6-108　设置报表的数据源

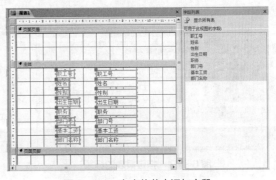

图 6-109　在主体节中添加字段

④ 调整各个节的高度及字段布局,以"职工信息一览表"为名称保存报表。报表打印预览
效果如图 6-110 所示。

（2）制作"职工信息"标签报表

① 打开"职工管理"数据库，在"导航窗格"中选择职工表。单击"创建"→"报表"选项组中的"标签"按钮，打开"标签向导"对话框，如图 6-111 所示，选用默认的标签尺寸。

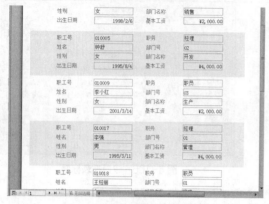

图6-110 报表打印预览效果

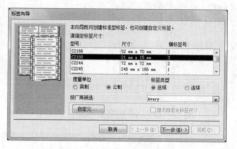

图6-111 指定标签尺寸

② 单击"下一步"按钮，选择标签中使用的文本字体和颜色，进行图 6-112 所示的设置。

③ 将"可用字段"列表中的内容按图 6-113 所示设置添加到"原型标签"列表中。

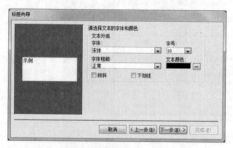

图6-112 设置标签文本字体和颜色

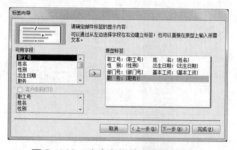

图6-113 确定在标签上显示的内容

④ 以"职工号"为排序字段，指定报表的标题为"职工表标签"，如图 6-114 所示。

⑤ 单击"完成"按钮，报表打印预览结果如图 6-115 所示。

图6-114 指定报表的标题

职工号：010002 姓　名：张瑶
性　别：女　　出生日期：1998/2/6
部门号：04　　基本工资：2000
职　务：职员

职工号：010005 姓　名：钟舒
性　别：女　　出生日期：1995/8/4
部门号：02　　基本工资：4000
职　务：经理

职工号：010009 姓　名：李小红
性　别：女　　出生日期：2001/3/14
部门号：03　　基本工资：2000
职　务：职员

职工号：010017 姓　名：李强
性　别：男　　出生日期：1995/3/11
部门号：01　　基本工资：4000
职　务：经理

图6-115 报表设计结果

4. 报表的编辑

（1）修改报表布局

修改"职工信息一览表"报表布局，样式为表格式，具体操作步骤如下。

① 打开"职工信息一览表"报表，切换到设计视图，选择所有字段，在"排列"→"表"选项组中单击"表格"按钮，报表的布局发生变化。拖动"页面页眉"节左上角的控制符（4 向箭头），把所有字段沿水平方向移到靠左边框位置，如图 6-116 所示。

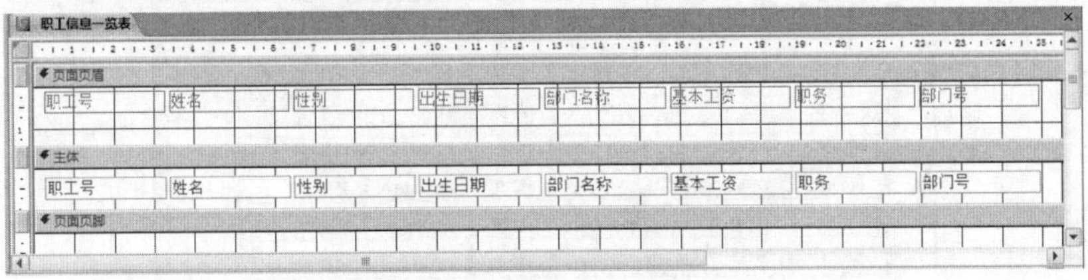

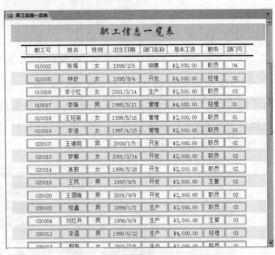

图 6-116　表格样式的报表布局

② 选中"职工号"列，把鼠标指针移到边框上，当其变成水平方向的左右箭头时，向左拖曳鼠标使列宽变小。用同样的方法调整其他列的宽度。

③ 选中"页面页眉"节的标签控件，在"格式"→"字体"选项组中单击"B"按钮，使其字体加粗；在其上下各添加一条直线（在使用"直线"控件的同时需按住 Shift 键），在"控件格式"组中修改线条轮廓，设置其边框宽度为"2Pt"；选中所有字段，单击"居中"按钮使其内容在字段内居中。

④ 单击"设计"→"页眉/页脚"选项组中的"标题"按钮，出现"报表页眉"和"报表页脚"两个节。调整报表标题使其居中，在"格式"→"字体"选项组中将标题字体/字号设置为"华文行楷/22"，效果如图 6-117 所示。

⑤ 选中所有字段，在"排列"→"表"选项组中单击"网格线"按钮，在其下拉菜单中选择"垂直和水平"选项添加表格线。保存报表，预览结果如图 6-118 所示。

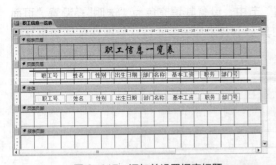

图 6-117　添加并设置报表标题

图 6-118　修改后的报表设计结果

⑥ 在报表中插入徽标。首先在"报表页眉"节中确定插入点，然后单击"设计"→"页眉/页脚"选项组中的"徽标"按钮，在弹出的"插入图片"对话框中打开要插入的图片，即可看到在报表中插入的徽标。调整好徽标的位置和大小，保存修改。报表打印预览效果如图 6-119 所示。

（2）美化报表

将"按部门统计职工"报表另存为"部门职工汇总表"，对"部门职工汇总表"报表进行修改美化，并统计输出每个部门的职工人数和部门总工资，具体操作步骤如下。

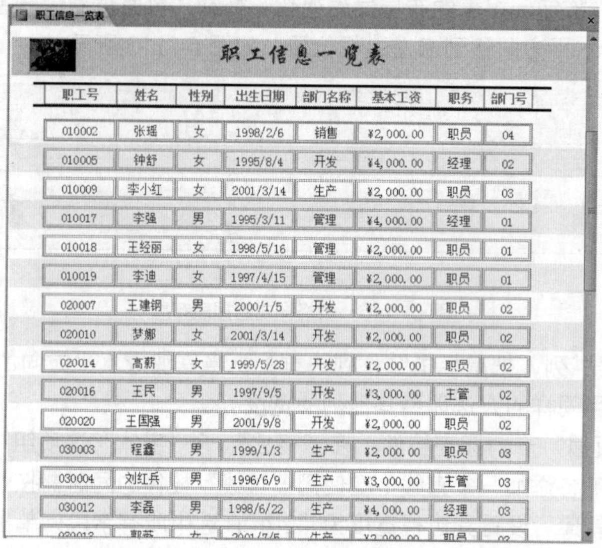

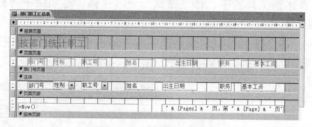

图 6-119　在报表中插入徽标

① 打开"部门职工汇总表"报表，切换到设计视图，如图 6-120 所示。

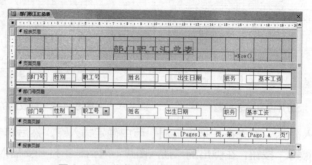

图 6-120　报表的设计视图

② 修改报表标题为"部门职工汇总表"，使其在"报表页眉"节居中；设置标题字体/字号为"隶书/24"；将日期控件 now() 移到"报表页眉"节中，设置其填充色为"透明"；设置"页面页眉"节中的所有标签控件的字体为"加粗"；在其上下各添加一条直线，修改线条的边框宽度为"2Pt"，效果如图 6-121 所示。

图 6-121　添加并调整控件的位置和格式

③ 单击"设计"→"分组和汇总"选项组中的"分组和排序"按钮，在报表的最下部添加了"分组、排序和汇总"窗格。单击"分组形式"右侧的"更多"按钮，展开分组栏，选择"有

页脚节"选项，这样就在报表中添加了"部门号页脚"节，如图 6-122 所示。

④ 在"部门号页脚"节中适当位置添加两个文本框控件，将其中一个的附加标签的标题改为"该部门职工人数："，文本框中输入"=Count(*)"，用来计算不同部门的职工人数；将另一个附加标签的标题改为"该部门总工资："，文本框中输入"=Sum(基本工资)"，用来计算不同部门职工的工资总和，如图 6-123 所示。

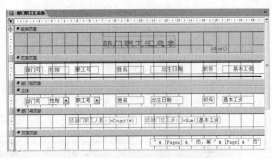

图 6-122　添加"部门号页脚"节　　　　　图 6-123　设计完成后的报表设计视图

⑤ 单击设计视图右下角的"打印预览"按钮查看设计结果（见图 6-124），保存报表。

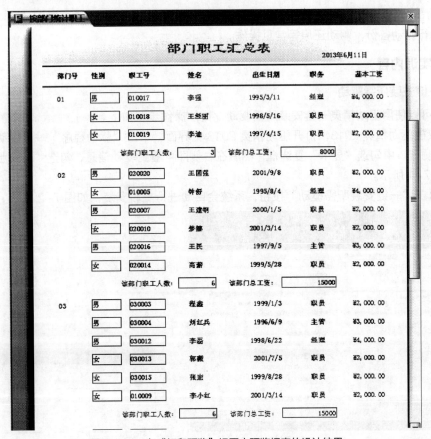

图 6-124　在"打印预览"视图中预览报表的设计结果

7

第 7 章
常用工具软件的使用

实训一　驱动程序管理

一、实训目的

"驱动精灵 2013"是最优秀的计算机驱动程序管理工具之一,读者需要掌握使用"驱动精灵2013"进行驱动备份、驱动还原等常见操作。

二、实训内容

1. 一键安装所需驱动

用户可以使用驱动精灵一键安装所需驱动,具体操作步骤如下。

① 双击驱动精灵 2013,打开驱动精灵 2013 主界面,单击"驱动程序"→"驱动微调"选项,在左侧窗口中勾选"显卡"复选框,然后在右侧即可看到驱动信息,勾选"驱动版本"复选框,如图 7-1 所示。

② 单击"一键安装所需驱动"按钮,系统会自动进行更新安装,如图 7-2 所示。

图 7-1　驱动微调

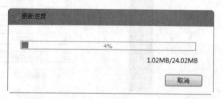

图 7-2　正在更新

2. 设置备份路径

设置备份路径是将需要备份的程序备份到指定的文件夹中，具体操作步骤如下。

① 打开驱动精灵 2013 主界面，单击"驱动程序"→"驱动备份"选项，单击右下角的"路径设置"选项，如图 7-3 所示。

② 打开"系统设置"对话框，在"驱动备份路径"栏下单击"选择目录"按钮，如图 7-4 所示。

图 7-3　驱动备份

图 7-4　设置备份路径

③ 打开"浏览文件夹"对话框，选择备份的位置，如将驱动程序备份在 F 盘下的"2013 驱动备份"文件夹中，如图 7-5 所示。

④ 单击"确定"按钮，回到"系统设置"对话框中，此时可以在"驱动备份路径"栏下的文本框中看到设置的路径，如图 7-6 所示。

图 7-5　选择文件夹备份

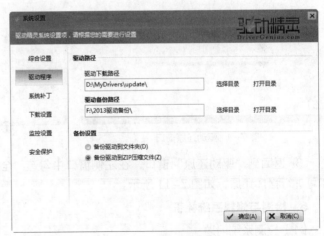

图 7-6　备份路径

⑤ 单击"确定"按钮，即可完成驱动路径设置。

3. 驱动备份

用户可以将系统中的程序进行备份，具体操作步骤如下。

① 双击驱动精灵 2013，打开驱动精灵 2013 主界面，单击"驱动程序"→"驱动备份"选项，然后勾选左下角的"全选"复选框，如图 7-7 所示。

② 单击右下角的"开始备份"按钮即可开始备份，如图 7-8 所示。

图 7-7　选中备份项

图 7-8　正在备份

4. 驱动还原

备份还原可以将备份的驱动程序还原，具体操作步骤如下。

① 打开驱动精灵 2013 主界面，单击"驱动程序"→"驱动还原"选项，然后单击窗口中的"文件"选项，如图 7-9 所示。

② 打开"打开"对话框，选择备份的文件，单击"打开"按钮，如图 7-10 所示。

图 7-9　驱动还原窗口

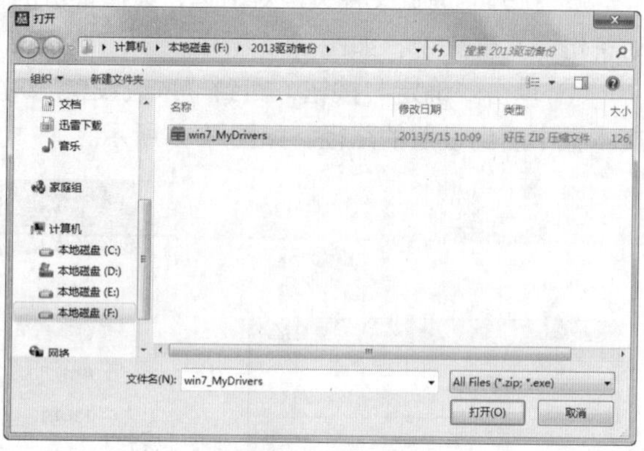

图 7-10　选择文件

③ 返回到"驱动还原"窗口，在左侧窗口中勾选"全选"复选框，单击"开始还原"按钮即可进行程序还原，如图 7-11 所示。

5. 检测与修复系统补丁

（1）检测系统问题

通过驱动精灵可以检测计算机系统中的问题，具体操作步骤如下。

① 双击驱动精灵2013，打开驱动精灵2013主界面，单击"立即检测"按钮，如图 7-12 所示。

② 此时即可在窗口中看到检测出的问题，单击"立即解决"按钮即可，如图 7-13 所示。

（2）修复补丁

通过驱动精灵可以快速修复系统中的问题，具体操作步骤如下。

① 打开驱动精灵 2013 主界面，单击"系统补丁"选项，然后勾选窗口右下角的"全选"复选框，单击"立即检测"按钮，窗口会显示检测到的漏洞，如图 7-14 所示。

图 7-11　开始还原

图 7-12　立即检测

图 7-13　立即解决

图 7-14　立即修复

② 单击"立即修复"按钮，系统会自动下载补丁进行修复，如图 7-15 所示。

图 7-15　正在修复

实训二　文件压缩与加密

一、实训目的

掌握 WinRAR 的操作，对文件进行压缩、解压或加密。

二、实训内容

1. 压缩文件

使用 WinRAR 可以快速压缩文件，具体操作步骤如下。

① 双击 WinRAR，打开 WinRAR 主界面，选择需要压缩的文件，如选择"压缩文件"文件夹，单击"添加"按钮，如图 7-16 所示。

② 此时会打开"压缩文件名和参数"对话框，在"常规"选项卡下，设置完成后，单击"确定"按钮，如图 7-17 所示。

此时即实现文件压缩，如图 7-18 所示。

图 7-16　选择压缩文件

图 7-17　设置压缩方式

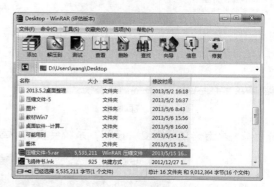

图 7-18　压缩完成

2. 为文件添加注释

用户可以根据需要为压缩文件添加注释，具体操作步骤如下。

① 在 WinRAR 主界面中，选中需要添加注释的压缩文件，选择"命令"→"添加压缩文件注释"命令，如图 7-19 所示。

② 打开"压缩文件 压缩文件-5"对话框，在"压缩文件注释"栏下的文本框中输入注释内容，如图 7-20 所示。

③ 单击"确定"按钮即可。

3. 测试解压缩文件

在需要解压文件之前，可以先测试一下收到的文件，以增强安全性，具体操作步骤如下。

① 在 WinRAR 主界面中，选中需要解压的文件，单击"测试"按钮，此时 WinRAR 会对文件夹进行检测，如图 7-21 所示。

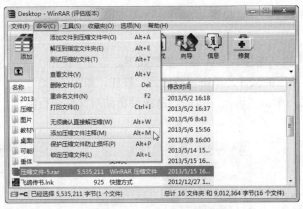

图 7-19　添加压缩文件注释

图 7-20　输入注释内容

② 测试完成后弹出图 7-22 所示的提示窗口，单击"确定"按钮即可。

图 7-21　选择测试文件

图 7-22　测试完成

4. 新建解压文件位置

对于压缩过的文件，用户可以根据需要将其解压到新建的文件夹中，具体操作步骤如下。

① 在 WinRAR 主界面中，选中需要解压的文件，单击"解压到"按钮，如图 7-23 所示。

② 打开"解压路径和选项"对话框，选择解压位置，单击"新建文件夹"按钮，然后输入文件夹名称，如图 7-24 所示。

图 7-23　选择解压文件

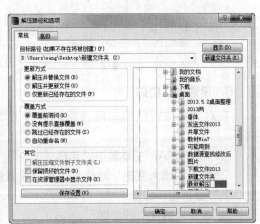

图 7-24　新建文件夹

③ 单击"确定"按钮，即可将文件解压到指定位置。

5. 解压文件

设置好解压位置后，用户可以对文件进行解压，具体操作步骤如下。

① 在 WinRAR 主界面中，选中需要解压的文件，单击"解压到"按钮，如图 7-25 所示。

② 打开"解压路径和选项"对话框，单击"确定"按钮，系统会自动对文件进行解压，如图 7-26 所示。

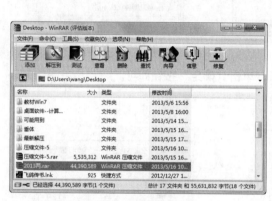

图 7-25 选中解压文件

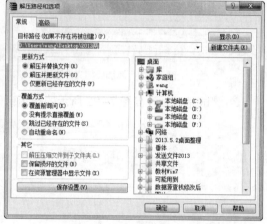

图 7-26 "解压路径和选项"对话框

③ 单击"确定"按钮开始解压，如图 7-27 所示。

④ 解压完成后如图 7-28 所示。

图 7-27 正在解压

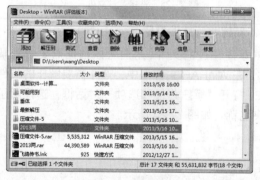

图 7-28 完成解压

6. 设置默认密码

在对文件进行压缩或解压缩时，为了增强安全性，可以设置默认密码，具体操作步骤如下。

① 在 WinRAR 主界面中，选择"文件"→"设置默认密码"命令，如图 7-29 所示。

② 打开"输入密码"对话框，在"设置默认密码"栏下输入密码并确认密码，勾选"加密文件名"复选框，如图 7-30 所示。

③ 单击"确定"按钮即可。

图 7-29　菜单命令

图 7-30　输入密码

7．清除临时文件

用户可以通过设置，实现在压缩文件时清除临时文件，具体操作步骤如下。

① 在 WinRAR 主界面中，选择"选项"→"设置"命令，如图 7-31 所示。

② 打开"设置"对话框，切换到"安全"选项下，在"清除临时文件"栏下选中"总是"单选钮，如图 7-32 所示。

图 7-31　菜单命令

图 7-32　"设置"对话框

实训三　计算机查毒与杀毒

一、实训目的

掌握使用 360 杀毒软件查杀计算机病毒的方法。

二、实训内容

1．快速扫描

使用 360 杀毒快速对计算机进行扫描，具体操作：双击 360 杀毒，打开 360 杀毒主界面，单击"快速扫描"按钮，如图 7-33 所示。

此时 360 杀毒将对计算机进行快速扫描，完成后窗口会显示扫描结果，如图 7-34 所示。

2．处理扫描结果

快速扫描完成后，可以立即处理扫描发现的安全威胁。具体操作步骤如下。

① 在扫描完成的窗口中，勾选窗口左下角的"全选"复选框，单击"立即处理"按钮，如图 7-35 所示。

② 窗口中会弹出处理结果，单击"确认"按钮，如图 7-36 所示。

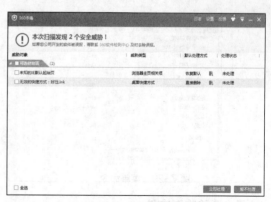

图 7-33　快速扫描

图 7-34　扫描结果

图 7-35　立即处理

图 7-36　处理后

此时窗口中会出现图 7-37 所示的提示。

3. 自定义扫描

用户可以根据需要选择特定的盘符进行扫描，具体操作步骤如下。

① 双击 360 杀毒，打开 360 杀毒主界面，单击"自定义扫描"按钮，如图 7-38 所示。

图 7-37　提示窗口

图 7-38　单击"自定义扫描"

② 打开"选择扫描目录"对话框，在"请勾选上您要扫描的目录或文件"栏下进行选择，如勾选"本地磁盘（E:）"复选框，单击"扫描"按钮，如图 7-39 所示。

此时 360 杀毒开始对 E 盘进行扫描，如图 7-40 所示。

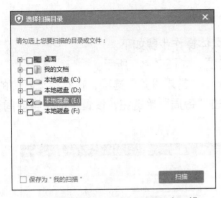

图 7-39 勾选 "本地磁盘 (E:)"

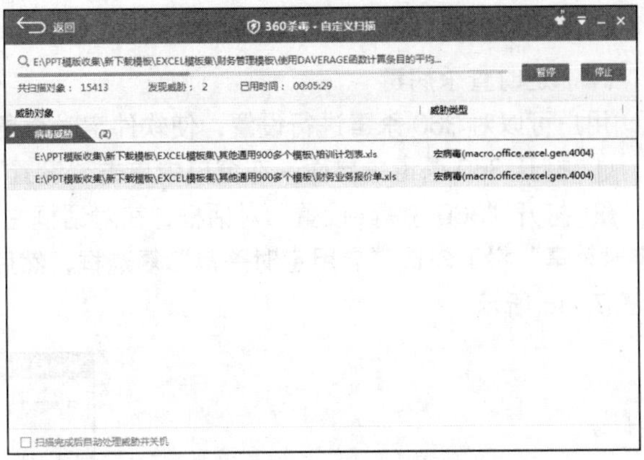

图 7-40 对 E 盘进行扫描

4. 宏病毒查杀

用户可以根据需要使用宏病毒查杀，具体操作步骤如下。

① 双击 360 杀毒，打开 360 杀毒主界面，在窗口下侧单击 "宏病毒查杀" 按钮，如图 7-41 所示。此时会弹出图 7-42 所示的提示对话框。

图 7-41 宏病毒查杀

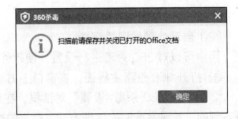

图 7-42 提示对话框

② 单击 "确定" 按钮开始扫描宏病毒，完成后扫描结果将显示在窗口中，单击 "立即处理"按钮，如图 7-43 所示。

处理后窗口中显示处理结果，如图 7-44 所示。

图 7-43 扫描结果

图 7-44 处理结果

5. 杀毒设置

（1）定时查杀病毒

用户可以对 360 杀毒进行设置，使软件定时杀毒，具体操作步骤如下。

① 打开 360 杀毒主界面，在窗口中单击"设置"选项，如图 7-45 所示。

② 打开"360 杀毒-设置"对话框，在对话框左侧单击"常规设置"选项，在对话框右侧的"定时杀毒"栏下勾选"启用定时杀毒"复选框，然后单击"每周"单选钮，设置定时杀毒时间，如图 7-46 所示。

图 7-45　打开设置

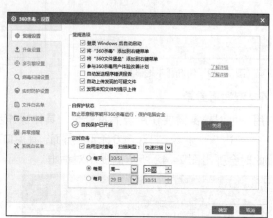

图 7-46　"设置"对话框

③ 单击"确定"按钮完成设置。

（2）自动处理发现的病毒

用户可以对 360 杀毒进行设置，使软件自动处理发现的病毒，具体操作步骤如下。

① 打开 360 杀毒主界面，在窗口上方单击"设置"，如图 7-47 所示。

② 打开"360 杀毒-设置"对话框，在对话框左侧单击"病毒扫描设置"选项，然后在对话框右侧的"发现病毒时的处理方式"栏下勾选"由 360 杀毒自动处理"单选钮，如图 7-48 所示。

③ 单击"确定"按钮完成设置。

图 7-47　打开设置

图 7-48　"设置"对话框

实训四　屏幕窗口的捕捉

一、实训目的

掌握 HyperSnap 7 的操作，学会捕捉整个桌面、活动窗口，自由抓取图形等。

二、实训内容

1. 捕捉整个桌面

使用 HyperSnap 7 可以将整个桌面截取下来，具体操作步骤如下。

① 双击 HyperSnap 7，启动 HyperSnap 7，如图 7-49 所示。

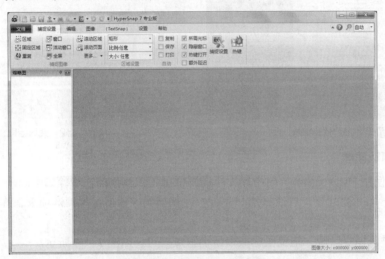

图 7-49　HyperSnap 7 窗口

② 切换到桌面按下 PrintScreenSysRq 键或者 Ctrl+Shift+A 组合键，即可将整个桌面截取下来，如图 7-50 所示。

图 7-50　截取整个桌面

2. 捕捉活动窗口

用户可以使用 HyperSnap 7 将活动窗口截取下来，具体操作步骤如下。

① 打开需要截取的活动窗口，双击 HyperSnap 7，启动 HyperSnap 7，如图 7-51 所示。

② 切换到"捕捉设置"选项卡下，在"捕捉图像"选项组中单击"活动窗口"按钮，即可将活动窗口截取下来，如图 7-52 所示。

图 7-51　打开活动窗口

图 7-52　截取结果

3. 自由抓取图像

用户可以使用 HyperSnap 7 自由捕捉所需图像区域，具体操作步骤如下。

① 双击 HyperSnap 7，启动 HyperSnap 7，切换到"捕捉设置"选项卡，在"捕捉图像"选项组中单击"区域"按钮，如图 7-53 所示。

② 此时进入捕捉区域，拖曳鼠标截取所需区域即可，如图 7-54 所示。

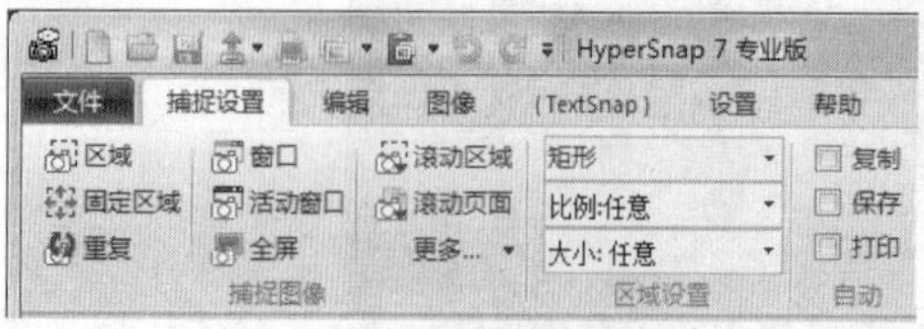

图 7-53　捕捉设置

图 7-54　选取区域

4. 捕捉设置

（1）自动保存捕捉到的图像

用户可以使用 HyperSnap 7 将捕捉到的图像自动保存，具体操作步骤如下。

① 双击 HyperSnap 7，启动 HyperSnap 7，切换到"捕捉设置"选项卡，单击"捕捉设置"按钮，如图 7-55 所示。

② 打开"捕捉设置"对话框，单击"快速保存"选项卡，勾选"自动将每次捕捉的图像保存到文件"复选框，如图 7-56 所示。

图 7-55　捕捉设置

图 7-56　设置自动保存图像

③ 单击"确定"按钮完成设置。

（2）设置默认区域形状

用户可以使用 HyperSnap 7 设置默认捕捉的区域形状，具体操作步骤如下。

① 双击 HyperSnap 7，启动 HyperSnap 7，切换到"捕捉设置"选项卡，单击"捕捉设置"按钮，如图 7-57 所示。

② 打开"捕捉设置"对话框，单击"区域"选项卡，在"设置捕捉模式"栏下勾选"区域捕捉时显示帮助和缩放区域"复选框，单击"默认区域形状"后的下拉按钮进行选择，如选择"椭圆"，如图 7-58 所示。

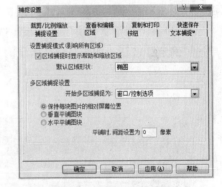

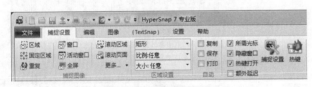

图 7-57　捕捉设置

图 7-58　设置默认区域形状

③ 单击"确定"按钮完成设置。

（3）捕捉后播放声音

用户可以使用 HyperSnap 7 设置在捕捉图像后播放声音，具体操作步骤如下。

① 双击 HyperSnap 7，启动 HyperSnap 7，切换到"捕捉设置"选项卡，单击"捕捉设置"按钮，如图 7-59 所示。

② 打开"捕捉设置"对话框，单击"捕捉设置"选项卡，勾选"捕捉后播放声音"复选框，如图 7-60 所示。

③ 单击"确定"按钮完成设置。

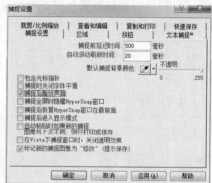

图 7-60　设置捕捉后播放声音

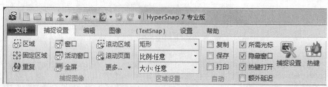

图 7-59　捕捉设置

实训五　图片浏览管理

一、实训目的

掌握 ACDSee 的操作，包括浏览图片、批量命名图片。

二、实训内容

1. 批量导入图片

用户可以将磁盘中的图片批量导入 ACDSee 中，具体操作步骤如下。

① 双击 ACDSee 14，启动 ACDSee14，单击"导入"的下拉按钮，在弹出的下拉菜单中选择"从磁盘"命令，如图 7-61 所示。

② 打开"浏览文件夹"对话框，选择包含图片的文件夹，如选择"江山如此多娇"文件夹，单击"确定"按钮，如图 7-62 所示。

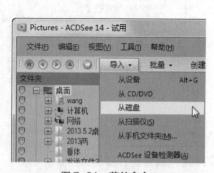

图 7-61　菜单命令

图 7-62　选择文件夹

③ 此时会弹出图 7-63 所示提示窗口，单击"导入"按钮。

④ 导入完成后会提示导入完成，在提示窗口中单击"是"按钮，如图 7-64 所示。

此时，在 ACDSee 14 窗口中显示导入的图片，如图 7-65 所示。

图 7-63　开始导入

图 7-64　导入完成提示窗口

图 7-65　导入后

2. 全屏查看导入图片

图片导入 ACDsee 后，用户可以选择全屏查看图片，具体操作步骤如下。

① 在 ACDSee 14 主窗口中选择其中一张图片，在窗口上方单击"查看"按钮，如图 7-66 所示。

此时即可全屏查看导入的图片，如图 7-67 所示。

图 7-66　单击"查看"

图 7-67　全屏查看

② 在键盘上按下←键或→键即可翻看图片。

3. 使用模板批量命名图片

图片导入 ACDsee 后，用户可以使用模板批量为图片重新命名，具体操作步骤如下。

① 在 ACDSee 14 主窗口中选中需要重命名的图片，单击"批量"的下拉按钮，在弹出的下拉菜单中选择"重命名"命令，如图 7-68 所示。

② 打开"批量重命名"对话框，在"模板"选项下，勾选"使用模板重命名文件"复选框，然后在文本框中输入内容，如输入"文件"，单击"开始重命名"按钮，如图 7-69 所示。

图 7-68　菜单命令

图 7-69　模板设置

③ 软件自动对选中的图片进行重命名，单击"完成"按钮，如图 7-70 所示。

此时即可在主窗口中看到重命名后的图片，如图 7-71 所示。

图 7-70　正在重命名

图 7-71　重命名后的图片

4. 使用搜索和替换批量命名图片

图片导入 ACDsee 后，用户可以使用搜索和替换批量重命名图片。具体操作步骤如下。

① 在 ACDSee 14 主窗口中选中需要重命名的图片，单击"批量"的下拉按钮，在弹出的下拉菜单中选择"重命名"命令，如图 7-72 所示。

② 打开"批量重命名"对话框，在"搜索和替换"选项卡下，勾选"使用'搜索和替换'重命名文件"复选框，分别在"搜索"和"替换为"后的文本框中输入文本，单击"开始重命名"按钮，如图 7-73 所示。

③ 软件自动对选中的图片进行重命名，单击"完成"按钮，如图 7-74 所示。

此时即可在主窗口中看到重命名后的图片，如图 7-75 所示。

图 7-72 菜单命令

图 7-73 查找和替换重命名

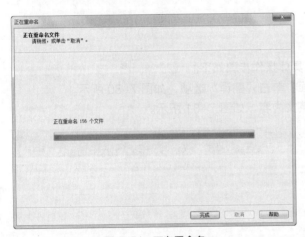

图 7-74 正在重命名

图 7-75 重命名后的图片

实训六 中英文翻译

一、实训目的

掌握金山词霸的操作,使用金山词霸进行中英文翻译。

二、实训内容

1. 将古诗文翻译成英文

使用金山词霸可以将古诗文翻译成英文,具体操作步骤如下。

① 双击金山词霸,进入金山词霸主界面,单击"翻译"选项,如图 7-76 所示。

② 在文本框中输入需要翻译的古诗文,如输入"洛阳亲友如相问,一片冰心在玉壶",如图 7-77 所示。

③ 单击文本框中的下拉按钮,在弹出的下拉菜单中选择"中文→英文"选项,如图 7-78 所示。

④ 单击"翻译"按钮即可将古诗文翻译成英文,如图 7-79 所示。

图 7-76 单击"翻译"选项

图 7-77 输入翻译内容

图 7-78 设置翻译语言

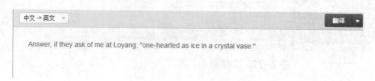

图 7-79 翻译结果

2. 将英文翻译成中文

使用金山词霸可以将英文翻译成中文，具体操作步骤如下。

① 双击金山词霸，进入金山词霸主界面，单击"翻译"选项，如图 7-80 所示。

② 在文本框中输入需要翻译成中文的英文内容，如图 7-81 所示。

图 7-80 单击"翻译"选项

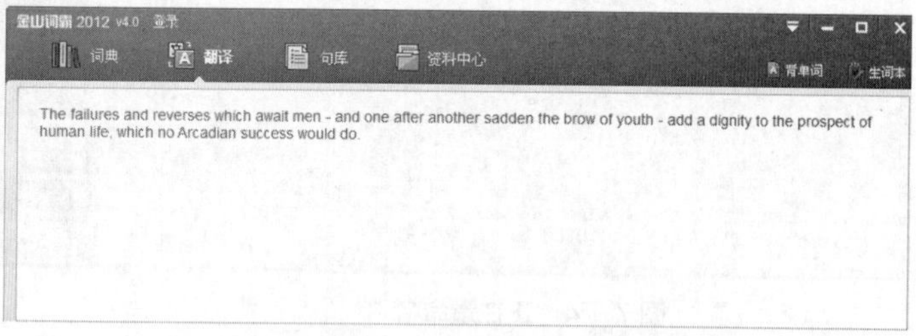

图 7-81 输入内容

③ 单击文本框中的下拉按钮，在弹出的下拉菜单中选择"英文→中文"选项，如图 7-82 所示。

④ 单击"翻译"按钮即可将英文翻译成中文，如图 7-83 所示。

图 7-82 设置翻译语言

图 7-83 翻译结果

3. 快速查询

用户可以使用金山词霸快速查询，具体操作步骤如下。

① 双击金山词霸，进入金山词霸主界面，在文本框中输入需要查询的内容，如输入"人生如戏"。

② 单击"查一下"按钮，如图 7-84 所示。

图 7-84　输入查找内容

此时窗口中会出现查询结果，如图 7-85 所示。

图 7-85　查找结果

实训七　数据恢复

一、实训目的

掌握 EasyRecovery 的操作，能够恢复误删除或误格式化的文件。

二、实训内容

1. 恢复误删除的文件

用户可以使用 EasyRecovery 软件恢复误删除的文件，具体操作步骤如下。

① 双击 EasyRecovery，启动 EasyRecovery 软件，在主窗口中单击"误删除文件"选项，如图 7-86 所示。

② 在打开的窗口中选择需要恢复的文件，如选择恢复 F 盘中的文件，单击"下一步"按钮，如图 7-87 所示。

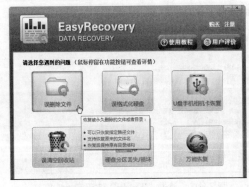

图 7-86　选择恢复选项

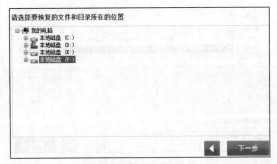

图 7-87　选择磁盘

③ 此时开始对 F 盘进行扫描，扫描结束后选择需要恢复的文件，勾选文件夹前面的复选框，单击"下一步"按钮，如图 7-88 所示。

④ 在弹出的窗口中单击"下一步"按钮即可开始恢复，如图 7-89 所示。

图 7-88　勾选恢复文件　　　　　　　　图 7-89　单击"下一步"按钮开始恢复

2. 恢复误清空的回收站

用户可以使用 EasyRecovery 软件将误清空的回收站中的文件恢复，具体操作步骤如下。

① 双击 EasyRecovery，启动 EasyRecovery 软件，在主窗口中单击"误清空回收站"选项，如图 7-90 所示。

此时软件开始对系统进行扫描，查找已经删除的文件，如图 7-91 所示。

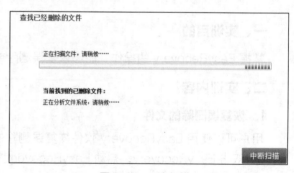

图 7-90　选择恢复选项　　　　　　　　图 7-91　正在扫描

② 扫描完成后扫描结果显示在窗口中，勾选需要恢复文件前的复选框，单击"下一步"按钮，如图 7-92 所示。

③ 在弹出的窗口中单击"下一步"按钮即可开始恢复，如图 7-93 所示。

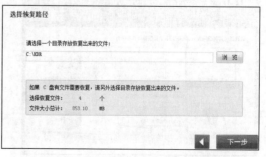

图 7-92　选择恢复文件　　　　　　　　图 7-93　单击"下一步"按钮开始恢复

3. 恢复误格式化硬盘

用户可以使用 EasyRecovery 软件对误格式化的硬盘进行恢复，具体操作步骤如下。

① 双击 EasyRecovery，启动 EasyRecovery 软件，在主窗口中单击"误格式化硬盘"选项，如图 7-94 所示。

② 在打开的窗口中选择要恢复的分区，如选择 D 盘，如图 7-95 所示。

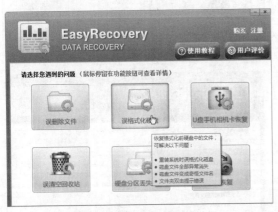

图 7-94　选择恢复选项

图 7-95　选择恢复分区

③ 此时开始对 D 盘进行扫描，查找分区格式化前的文件，如图 7-96 所示。

④ 扫描完成后，选择需要恢复的文件，勾选文件夹前的复选框，单击"下一步"按钮，如图 7-97 所示。

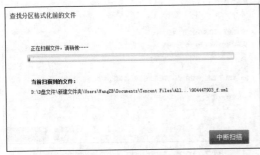
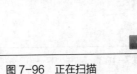

图 7-96　正在扫描

图 7-97　选择恢复文件

⑤ 扫描完成后，在弹出的窗口中单击"下一步"按钮即可开始恢复，如图 7-98 所示。

4. 万能恢复

用户可以使用 EasyRecovery 进行万能恢复操作，具体操作步骤如下。

① 双击 EasyRecovery，启动 EasyRecovery 软件，在 Easy Recovery 主界面中单击"万能恢复"选项，如图 7-99 所示。

② 在打开的窗口中，在"请选择要恢复的分区或者物理设备"栏下进行选择，如选择"我的电脑"中的"凌波微步"，如图 7-100 所示。

③ 单击"下一步"按钮开始扫描，如图 7-101 所示。

④ 扫描结束后，选择需要恢复的文件，单击"下一步"按钮，如图 7-102 所示。

⑤ 在打开的页面中选择恢复路径，然后单击"下一步"按钮即可，如图 7-103 所示。

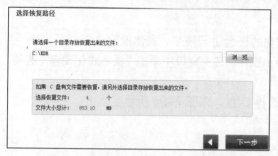

图 7-98 单击"下一步"按钮开始恢复

图 7-99 选择恢复选项

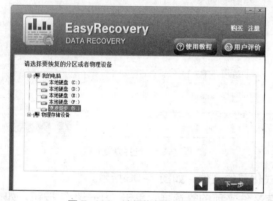

图 7-100 选择恢复的设备

图 7-101 正在扫描

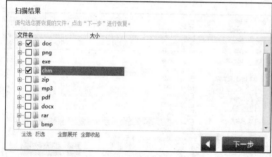

图 7-102 选择恢复文件

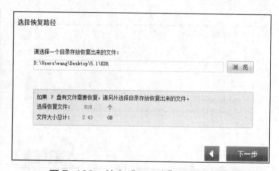

图 7-103 单击"下一步"按钮开始恢复

实训八 数据刻录

一、实训目的

掌握 Nero12 的操作，将图像、视频等文件刻录到光盘中。

二、实训内容

1. 导入刻录图像

使用 Nero 12 可以将图像刻录成光盘，具体操作步骤如下。

① 双击 Nero 12，启动 Nero 12，在右侧窗口中单击"Nero Burning ROM"选项，然后单击"开始"按钮，如图 7-104 所示。

② 打开"新编辑"对话框，在左侧窗口中选择"CD-ROM（UDF）"选项，单击"新建"按钮，如图 7-105 所示。

图 7-104　单击"开始"按钮　　　　　　　　　　图 7-105　单击"新建"按钮

③ 打开"UDF1-Nero Burning ROM Trial"对话框，在"文件浏览器"栏下选择需要刻录的文件，将其拖曳到"光盘内容"窗口，即可完成导入，如图 7-106 所示。

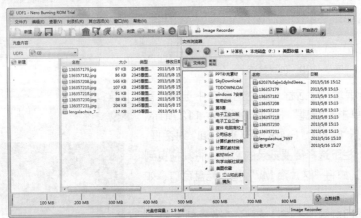

图 7-106　选择导入内容

2. 选择刻录器开始刻录

在完成导入文件后，可以选择刻录器进行刻录，具体操作步骤如下。

① 单击"立即刻录"按钮，打开"选择刻录器"对话框，选择默认的刻录器，单击"确定"按钮，如图 7-107 所示。

② 此时会打开"保存映像文件"对话框，选择保存位置，并输入文件名称，单击"保存"按钮，如图 7-108 所示。

此时系统会自动进行刻录前的检查，如图 7-109 所示。

③ 刻录完成后弹出图 7-110 所示的提示窗口，单击"确定"按钮即可。

3. 刻录音乐

使用 Nero 12 可以将音乐刻录到光盘中，具体操作步骤如下。

① 双击 Nero 12，启动 Nero 12，在右侧窗口中单击"Nero Burning ROM"选项，然后单击"开始"按钮，如图 7-111 所示。

图 7-107 选择刻录器

图 7-108 选择保存位置

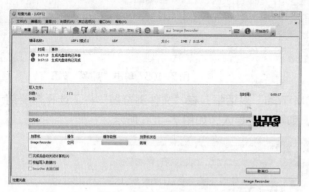

图 7-109 刻录检查

图 7-110 完成提示

② 打开"新编辑"对话框，在左侧窗口中选择"音乐光盘"选项，单击"新建"按钮，如图 7-112 所示。

③ 打开"音乐 1- Nero Burning ROM Trial"对话框，在"文件浏览器"栏下选择需要刻录的文件，将其拖曳到"光盘内容"窗口，如将"这片海 MV"拖入光盘窗口，如图 7-113 所示。

④ 单击"立即刻录"按钮，打开"选择刻录器"对话框，选择默认的刻录器，单击"确定"按钮，如图 7-114 所示。

⑤ 此时会打开"保存映像文件"对话框，选择保存位置并输入文件名称，单击"保存"按钮，如图 7-115 所示。

图 7-111 单击"开始"按钮

图 7-112 选择音乐光盘

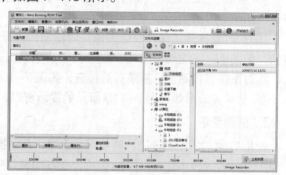

图 7-113 选择刻录选项

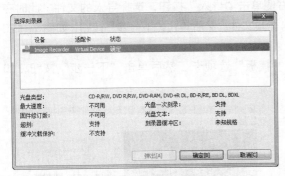

图 7-114　选择刻录器

图 7-115　选择保存位置

此时系统会自动进行刻录前的检查，如图 7-116 所示。

⑥ 刻录完成后弹出图 7-117 所示的提示窗口，单击"确定"按钮即可。

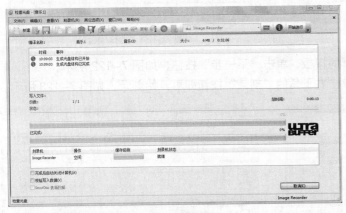

图 7-116　刻录检查

图 7-117　完成提示

4. 刻录音乐

在 Nero 12 中，用户可以使用模板刻录光盘，具体操作步骤如下。

① 双击 Nero 12，启动 Nero 12，在右侧窗口中单击"Nero Video"选项，然后单击"开始"按钮，如图 7-118 所示。

② 打开"Nero Video Trial"对话框，在"创建和导出"栏下单击"视频光盘"选项，如图 7-119 所示。

图 7-118　单击开始

图 7-119　选择视频光盘

③ 打开"未命名项目"对话框，在窗口右侧单击"导入"按钮，选择导入的文件。此时在"创建和排列项目的标题"栏下可以看到导入的视频文件，然后单击"下一步"按钮，如图 7-120 所示。

④ 进入"编辑菜单"窗口，在右侧单击"模板"选项卡，然后单击"下一步"按钮，如图 7-121 所示。

图 7-120　选择文件

图 7-121　选择模板

⑤ 此时即可在窗口中看到选择的模板，单击"下一步"按钮，如图 7-122 所示。

⑥ 进入"刻录选项"窗口，单击右下角的"刻录"按钮即可开始刻录，如图 7-123 所示。

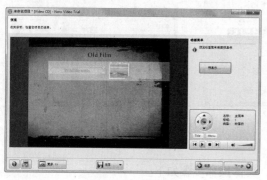

图 7-122　选择完成

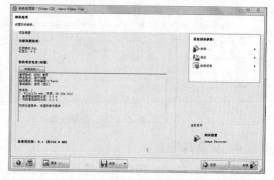

图 7-123　开始刻录